井下作业工程与岩土工程建设

庞永强　陈　波　马　腾　主编

汕頭大學出版社

图书在版编目（CIP）数据

井下作业工程与岩土工程建设 / 庞永强，陈波，马腾主编．-- 汕头：汕头大学出版社，2023.5

ISBN 978-7-5658-5028-8

Ⅰ．①井… Ⅱ．①庞… ②陈… ③马… Ⅲ．①井下作业②岩土工程 Ⅳ．① TE358 ② TU4

中国国家版本馆 CIP 数据核字（2023）第 099000 号

井下作业工程与岩土工程建设
JINGXIA ZUOYE GONGCHENG YU YANTU GONGCHENG JIANSHE

主　　编：庞永强　陈　波　马　腾
责任编辑：陈　莹
责任技编：黄东生
封面设计：刘梦杳
出版发行：汕头大学出版社
　　　　　广东省汕头市大学路 243 号汕头大学校园内　邮政编码：515063
电　　话：0754-82904613
印　　刷：廊坊市海涛印刷有限公司
开　　本：710mm × 1000mm　1/16
印　　张：10.75
字　　数：170 千字
版　　次：2023 年 5 月第 1 版
印　　次：2023 年 7 月第 1 次印刷
定　　价：46.00 元
ISBN 978-7-5658-5028-8

前言

井控是石油天然气勘探开发业务中安全工作的重点。一旦发生井喷，轻者会使井下情况复杂化，对油气资源造成损害；重者会导致井喷失控，使油气资源受到严重的破坏，易酿成火灾，造成人员伤亡、设备毁坏、油气井报废，使自然环境受到污染，直接危及企业和国家的形象。做好井控工作，防止井喷，尤其是防止井喷失控事故的发生，事关人民群众和现场施工人员的生命安全，事关构建和谐社会的大局。井控工作搞好了，既能够避免发生重特大井喷事故，又能够确保取得预期的油气成果，提高经济效益。

油气是自然资源中具有代表性的能源资源，储量丰富，具备巨大的资源开发潜力。油气资源的开发利用对技术要求较高，对环境所造成的影响也不容忽视。其潜力与分布仍存在一定的争议，尤其是常规天然气和煤层瓦斯、页岩的开发利用尤其重要，是油气资源开发利用的主要研究对象。

岩土工程是多门学科交叉的边缘学科，在公路、铁路、桥梁、隧道、堤坝、机场、工业与民用建筑等领域广泛应用。随着我国经济建设的繁荣发展，工程建设场地并非有较多的选择空间，大多数情况下，只能通过岩土工程勘察查明拟建场地及其周边地区的水文地质、工程地质条件，在对现有场地进行可行性和稳定性论证的基础上，对场地岩土体进行整治、改造再利用，也是当今岩土工程勘察面临的新形势。如今，地基沉降、基坑变形、人工边坡崩塌和滑坡等各种岩土工程问题也日益突出，因此要求岩土工程的基础环节——岩土工程勘察必须提供更详细、更具体、更可靠的有关岩土体整治、改造和工程设计、施工的地质资料，对可能出现或隐伏的岩土工程问题进行分析评价，提出有效的预防和治理措施，以便在工程建设中及时发现问题，实时预报，及早预防和治理，把经济损失降到最低。在土力学、基础工程和工程地质等基础上，通过学习，对岩土工程的基本知识、理论和方法有全面、系统和深入的了解，使之具有解决岩土工程实际问题的能力，能从事岩土工程的勘察、设计和施工，并具有一定的研究和开发能力。

本书首先介绍了油水井的修井、井下作业工程，然后详细阐述了岩土工程勘察设计施工方法，以适应井下作业工程与岩土工程建设的发展现状和趋势。

本书突出了基本概念与基本原理，作者在写作时尝试多方面知识的融会贯通，注重知识的层次递进，同时注重理论与实践的结合。希望可以对广大读者提供借鉴或帮助。

由于作者水平和时间所限，书中可能存在诸多不足和错误，敬请各位专家、同行和广大读者批评指正。

目 录

第一章　油气田井下修井作业

第一节　常规修井工艺

一、清蜡

（一）油井结蜡的原因

油井在生产过程中之所以结蜡，是因为油井产出的原油中含有蜡。油井结蜡有两个过程，一是蜡从原油中析出，二是这些蜡聚集黏附在管壁上。其原因是，在开采过程中，当原油的组分、温度、压力发生变化时，原油对蜡的溶解能力下降，致使一部分蜡从原油中析出。

（二）油井结蜡的因素

1.原油的组分和温度

在同一温度条件下，轻质油对蜡的溶解能力大于重质油的溶解能力，原油中所含轻质组分越多，蜡的结晶温度越低，即蜡不易析出，保持溶解状态的蜡量就越多。任何一种石油对蜡的溶解量都是随着温度的下降而减少的，因此，高温时溶解的蜡量在温度下降时将有一部分要凝析出来。在同一含蜡量的条件下，重油的蜡结晶温度高于轻质油的结晶温度，可见轻质组分少的石油，蜡容易凝析出来。

2.压力和溶解气

在压力高于饱和压力的条件下，压力降低时，原油不会脱气，蜡的初始结晶温度随压力的降低而降低。在压力与饱和压力的条件下，由于压力降低时油中的气体不断分离出来，降低了对蜡的溶解能力，因而使初始结晶温度升高。压力越低，分离的气体越多，结晶增加得越高。这是由于初期分出的是轻组分气体（如甲烷、乙烷等），后期分出的是丁烷等重组分气体，后者对蜡的溶解能力影响较大，因而使结晶温度明显增高。此外，溶解气从油中分出时还要膨胀吸热，促使油流温度降低，有利于蜡晶体的析出。

3.原油中的胶质和沥青质

实验结果表明，石油中胶质含量的增加可使结晶温度降低。因为胶质为表面活性物质，可吸附于石蜡结晶表面来阻止结晶的发展。沥青是胶质的进一步聚合物，它不溶于油，而是以极小的微粒分散在油中，对石蜡晶体有分散作用，但是当沉积在管壁的蜡中含有胶质、沥青质时将形成硬蜡，而不易被油流冲走。

4.原油中的机械杂质和水

油中的细小颗粒和机械杂质将成为石蜡析出的结晶核心，使蜡晶体易于聚集长大，从而加速了结蜡的过程。油中含水量增高时，由于水的热容量大于油，可减少液流温度的降低，另外，由于含水量的增加，容易在油管壁形成连续水膜，使蜡不容易沉积在管壁上。因此，随着油井含水的增加，结蜡程度有所减轻。但是含水量低时结蜡就比较严重，因为水中盐类析出沉积于管壁，有利于蜡晶体的聚集。

5.液流速度、管子表面粗糙程度

油井生产实际表明，高产井结蜡没有低产井严重，因为高产井的压力高，脱气少，初始结晶温度低，同时液流速度快，井筒中热损失小，油流温度高，蜡不易析出。即使有蜡晶体析出也被高速油流带走，而不易沉积在管壁上。如果管壁粗糙，蜡晶体容易黏附在上面形成结蜡；反之，不容易结蜡。管壁表面亲水性愈强愈不容易结蜡，反之，容易结蜡。

（三）油井结蜡的危害

油井结蜡不仅增大日常管理清蜡与修井清蜡的工作量，还会给油井生产，甚至油田开发带来严重的影响。油井结蜡主要危害有以下7个方面：

（1）油井结蜡给日常管理带来大量工作，增加了井下事故发生的可能性和概率。

（2）油井结蜡使出油通道内径逐渐变小，从而增大了油流阻力，降低了油井产能，甚至将油流通道堵死，造成油井减产或者停产。

（3）机械采油井结蜡不仅使油流通道减小，还会使抽油泵失灵，降低抽油效率，严重者会将深井泵卡死，损坏设备等。

（4）油层结蜡将堵塞油层孔隙，阻碍油流入井内，会缩小出油面积，减少油流来源，从而使油井减产。

（5）油井结蜡严重时，给清蜡工作带来困难，并容易发生顶钻、卡钻及井下落物事故。另外，有些油井用一般清蜡方法难以处理，必须采取作业清蜡，大大增加了修井的工作量。

（6）油井结蜡严重，增加了日常清蜡或作业清蜡时间，影响了油井出油时间，降低了油井开采时率，影响油井产量和油田开发速度。

（7）油井结蜡给油气集输、油田开发带来许多困难，需要采取许多工艺技术措施，使开发成本增高，影响油田开发的经济效益。

（四）油井清蜡方法

清蜡就是将黏附在油井管壁、抽油泵、抽油杆等设备上的蜡清除掉，常用的方法有机械清蜡和热力清蜡。

1.机械清蜡

（1）刮蜡片清蜡：利用井场电动绞车将刮蜡片下入油井中，在油管结蜡井段上、下活动，将管壁上的蜡刮下来被油流带出井口。该方法适用自喷井和结蜡不严重的井。

（2）套管刮蜡：套管刮蜡的主要工具是螺旋式刮蜡器。将螺旋式刮蜡器接在油管下面，利用油管的上下活动将套管壁上的蜡清理掉，也可以利用转盘带动刮刀钻头刮削，同时利用液体循环把清理下的蜡带到地面。

2.热力清蜡

（1）电热清蜡：以油井加热电缆，让电能转化为热能供给油流加热，使其温度升高达到消蜡、防蜡目的。

（2）热化学清蜡：利用化学反应产生的热能来清蜡。

（3）热油循环清蜡：将本井生产的原油经加热后注入井内不断循环，使井内温度达到蜡的熔点，蜡被逐渐熔化后随同原油流到地面。

（4）蒸气清蜡：将井内油管起出来，摆放整齐，然后利用蒸气车的高压蒸气熔化并清洗管内外的结蜡。

二、冲砂

由于油层胶结疏松或油井工作制度不合理，以及措施不当造成油井出砂，油井出砂后，如果井内的液流不能将出砂全部带至地面，井内砂子逐渐沉淀，砂柱增高，堵塞出油通道，增加流动阻力，使油井减产甚至停产，同时会损坏井下设备造成井下砂卡事故，因此必须采取措施清除积砂。通常采取水力冲砂和机械捞砂，目前常用的是水力冲砂。

（一）冲砂概述

冲砂就是用高速流动的液体将井底的砂子冲散，并利用循环上返的液流将冲散的砂子带至地面的工艺过程。

1.冲砂液的要求

（1）具有一定的黏度，以保证有良好的携带能力。

（2）具有一定的密度，防止井喷和漏失。

（3）配伍性好，不伤害油藏。

2.冲砂方式

（1）正冲：冲砂液沿管柱流向井底，由环形空间返出地面。

（2）反冲：与正冲相反。

（3）旋转冲砂：利用动力源带动工具旋转，同时用泵循环携砂，大修冲砂常用此方法。

3.冲砂方案

冲砂方案的内容和要求：

（1）冲砂井地质方案必须提供准确的油层、产层物性、生产动态、井身结构等资料。

（2）方案应注明人工井底、水泥面或丢手工具所在深度，上砂面位置和井内落物等情况。

（3）方案应提供射孔井段，特别是高压井段、漏失井段及压力值。

（4）方案要求保留部分砂柱时，必须注明冲砂深度。

（5）对管内防砂井冲砂，必须标明防砂管柱结构示意图。

（6）在方案中必须注明对水敏性地层、高漏失井段进行防黏土膨胀、蜡球封堵炮眼、混气冲砂等措施。

（二）操作步骤

1.准备工作

检查泵及储液罐，连接好地面管线，准备好足够量的冲砂液。

2.探砂面

用冲砂管柱探砂面，冲砂工具距油层20m时，应放慢下放速度。当悬重下降，则表明遇到砂面。

3.冲砂

离砂面3m以上开泵循环，正常后下放管柱冲砂至设计深度。出口含砂量小于0.1%，视为冲砂合格。

4.观察砂面

上提管柱至油层顶部30m以上，停泵4h，下放管柱探砂面，观察是否出砂。

5.记录有关参数

泵参数、砂面参数、返出物参数。

（三）注意事项

（1）不准带泵、封隔器等其他井下工具探砂面和冲砂。

（2）冲砂工具到油层上界20m时，下放速度应小于0.3m/min。

（3）冲砂前，油管提至离砂面3m以上，开泵循环正常后，方可下放管柱。

（4）接单根前充分循环，操作速度要快，开泵循环正常后，方可再下放管柱。

（5）冲砂过程中应注意中途不可停泵，避免沉砂将管柱卡住或堵塞。

（6）对于出砂严重的井，加单根前必须充分洗井，加深速度不应过快，防止堵卡及憋泵。

（7）连续冲砂5个单根后要洗井一周，防止井筒悬浮砂过多。

（8）循环系统发生故障，停泵时应将管柱上提至砂面以上，并反复活动。

（9）提升系统出现故障，必须保持正常循环。

（10）泵压力不得超过管线的安全压力，泵排量与出口排量保持平衡，防止井喷或漏失。

（11）水龙带必须拴保险绳。

三、检泵

（一）深井泵的结构与类型

目前国内外使用的深井泵类型很多，根据结构特征的不同可分为两大类。

1.有杆泵

（1）管式泵。

（2）杆式泵。

2.无杆泵

（1）水利活塞泵。

（2）射流泵。

（3振动泵。

（4）沉没泵。

在这两大类泵中，目前国内使用有杆泵中较为普遍的是管式泵。克拉玛依油田常见的抽油泵有衬套泵、整筒泵、过桥泵、反馈泵等。

（二）深井泵的工作原理

深井泵是靠活塞往复工作的，其工作冲程分为上冲程和下冲程。

上冲程中，活塞在抽油杆的带动下向上移动，游动凡尔在活塞上面的液柱载荷的作用下关闭，固定凡尔在沉没压力的作用下打开，活塞让出泵筒内的容积，原油进入泵筒，这是泵的吸入过程。同时，在井口将排除相当于活塞冲程长度的一段液体。

下冲程中，抽油杆带动活塞向下移动，液柱载荷从活塞上转移到油管上，在泵内液体压力的作用下游动凡尔打开，固定凡尔关闭，泵内的液体排出泵筒，这是泵的排出过程。

泵在工作过程中要求：第一，泵体的各个部分应该是密封良好的，这样才能有效地进行吸入和排出。第二，泵内应该充满液体，如果泵内有过多的气体将使泵效降低，严重时还会造成气锁。为了减小气体的影响，可以加深沉没度或采用气锚。第三，应使活塞的有效冲程尽量长。油管、抽油杆都是具有弹性的，它们的弹性所造成的冲程损失会降低泵率。为了减小冲程损失，可以采用油管锚。第四，为了防止撞击固定凡尔，还应调节好防冲距。

（三）抽油井常见的井下故障及检泵的原因

1.井下故障

（1）泵的故障：深井泵受工作环境影响，免不了会发生各种各样的故障。磨损会破坏泵的密封情况，造成泵漏失；出砂或结蜡会卡住游动凡尔或固定凡尔，使泵失效；井下液体的腐蚀也会破坏泵的密封情况，造成漏失；如果出砂严重，活塞有被卡住的可能。

（2）杆的故障：抽油杆在工作中承受交变载荷，所以会发生疲劳破坏，造成断裂。另外，如果抽油杆丝扣没有上紧，会发生脱扣事故。实际工作中，一般把上述抽油杆的事故称为断脱。

（3）管柱的故障是由腐蚀造成的油管漏失所致。

（4）配套工具的故障包括滤砂器、气锚等故障。

2.检泵的原因

检泵的原因通常有两个：一是根据油井的生产规律摸索出检泵周期（两次检泵之间的时间间隔称为检泵周期），定期进行检泵；二是由于发生事故而被迫进行检泵。。油井的产量、油层压力、油层温度、出气出水情况、油井的出砂结蜡、原油的腐蚀性、油井的管理制度等诸多因素都会影响检泵周期的长短。

造成检泵的原因主要可以分成以下8个方面：

（1）油管结蜡检泵属于周期检泵。按照油井结蜡规律，生产一段时间后就进行检泵，以防发生蜡卡。油井的结蜡规律一般变化不大，所以检泵周期是比较稳定的。

（2）为防止漏失进行的检泵。由于漏失会使泵效下降或达不到正常的产量，这时就需要检泵，以提高泵效，提高产量。

（3）油井动液面发生波动、产量突然变化时，为查明原因需要进行探测砂面、冲砂等工作而进行检泵。

（4）深井泵工作失灵，如游动凡尔或固定凡尔被泵、蜡或其他脏物卡住，为使深井泵恢复正常要进行检泵。

（5）抽油杆发生断脱时进行检泵。

（6）为了提高产量而改变泵径需要进行检泵。

（7）改变油井工作制度，加深或上提泵挂时需要进行检泵。

（8）当发生井下落物或套管出现故障需要大修作业时，要停产检泵。

（四）检泵作业的施工步骤及要求

1.施工步骤

（1）准备工作：包括立井架、穿大绳、拆除抽油井口、换上作业井口、转开驴头，以防作业时发生碰撞。如果需要压井，要按施工要求准备好足够的压井液和顶替液。如果该井结蜡虽很严重，但尚未堵死，若有热洗流程，要求提前一天和管理该井的人员取得联系，在压井前先热洗井筒。

（2）将活塞提出泵筒，具体方法是先把驴头降停在上死点，用方卡子卡紧光杆坐在防喷盒上，然后松开悬绳器的光杆紧固器，把驴头降至最低位置。再卡紧光杆紧固器，松开坐在防喷盒上的方卡子，开动电机，再把驴头停在上死点位置，直到把活塞提出泵筒。然后再用方卡子卡紧，防止抽油杆接箍撞击防喷盒。

（3）接好反压井管线，先放套管气至见油。管线试压8～10MPa，压井前要先放入热水，清洗管壁结蜡，排出井内油气，然后泵入压井液，按照日常压井操作进行压井。

（4）压井以后，提起抽油杆，卸掉防喷盒，起出全部抽油杆及活塞。起完抽油杆后要在井内注满压井液。起出的抽油杆要整齐地排放在至少具有5个支撑点的架子上，要注意保护丝扣，不要弄脏，然后用蒸汽刺洗上面的砂、蜡，严重弯曲、磨损或丝扣损坏的不能再次下井。

（5）对于首次新泵下井没有起抽油杆的工序，应采用正压井，然后加深油管探砂面，并提上2～3m进行冲砂，冲出井底的沉淀，防止造成井喷。如果油井出砂严重，需要取得砂面资料，也要探砂面，但冲砂要另下冲砂管柱。

（6）井内全部管柱要用蒸汽清洗干净，并排放整齐。要详细检查深井泵、活塞、凡尔等，准确丈量油管、抽油杆长度，做好单根记录，按设计要求计算好下泵深度。下泵前要判断泵的抽吸力（堵住泵的固定凡尔吸入口，用抽动活塞来判断泵的抽吸能力）。

（7）对于出砂结蜡比较严重且油气比较高的井，应在泵的下部装泵锚、磁防蜡器和气锚。泵下部应接2～3根油管作足管起沉砂作用。下井的泵一定要保持干净。上卸扣时，管钳要搭在接头上，其深度要根据动液面确定（一般在动液面以上50～100m处）。最后下泵至设计深度，并装好采油树或偏心井口。

（8）下活塞与抽油杆。根据泵筒的下入深度准确丈量、计算活塞的下入深度，准备好活塞与抽油杆连接的接头。当活塞下到泵筒附近时要正转抽油杆，使活塞平稳缓慢地下入泵筒中，严防下入速度过快，猛烈撞击固定凡尔座。

（9）活塞下入泵筒后，上提抽油杆缓慢活动2～3次，深度确定后再用滑车上提下放试抽十几次，观察泵工作良好后方可上紧防喷盒，对好防冲距（一般100m深度防冲距是10cm，以不碰泵为准），卡好方卡子。

（10）转回驴头，放至下死点，上紧悬绳器上的光杆紧固器。交采油队，对电路、流程进行全面检查后，启动抽油。

2.检泵要求

（1）要取全、取准下井泵的各项资料，包括泵型、泵径、泵长、活塞长度，光杆、抽油杆规范、型号、根数、长度、接头规范长度，油管规范、根数、长度、泵下入深度，其他附件规范、深度。

（2）下泵深度要准确，防冲距要合适。

（3）下井油管丝扣要涂抹密封脂，要求油管无裂缝，无漏失，无弯曲，丝扣完好，并用内径规逐根通过。

（4）抽油杆应放在5个支点以上的支架上，不许落地。有严重弯曲或丝扣有损坏的抽油杆不许下井。

（5）起抽油杆时如果遇卡，不许硬拔，否则会使抽油杆发生塑性变形，使抽油杆报废。

（6）对深井泵的起下与拉运过程需特别注意。要防止剧烈震动，以免将泵的衬套震松，造成返工。下井前要仔细检查泵的各个部件，性能良好才能下井。上卸扣时，管钳不能咬在泵筒上。

四、井口故障处理

井口装置是油井生产枢纽，是整个石油井组成的地面部分。无论是自喷井口装置还是抽油井装置，它们的主要功能是悬挂油管柱，承受井内全部油管柱重量；密封油管、套管环形空间，保证各项井下作业施工的顺利进行，控制调节生产录取资料和日常管理等，故井口装置性能的好坏与石油井的关系极大。随着油田开发时间的增长，自然条件、外界因素以及人为因素等会在不同程度上损坏井口设备，为了维护石油井的正常生产，找出石油井口装置损坏的原因，分析影响因素，及时修理，是修井的一项重要工作。

（一）井口故障的种类

由于井口类型不同，井口装置的种类繁多，每口井的具体情况又有所不同，所以井口装置出现故障的类型也很多，但是井口故障可以用“刺”“漏”“坏”“死”四个字来概括。其主要现象如下：

1.刺

这类故障现象的表现是闸门、法兰及连接处往外刺油或刺水。一般在油井上较少，在水井上较多，这是因为进行注水时地面泵压很高。因此，对于设备的性能、耐压要求等都很严格。如果井口装置中有个别部分密封不好或垫圈损坏等，就容易造成井口刺。也有的因为长期高压注水使设备腐蚀严重，密封部件失去作用，出现刺的现象，使油水井无法正常生产。

2.漏（渗）

这类故障是井口装置部件有渗或漏油（或水）滴现象，是由于设备长期使用，其性能变差，或者因为维修时丝扣部分受到损伤，没有上紧扣等，井内高压液体漏（或渗）出。出现这种现象，不仅污染环境，不便于管理，影响油井正常生产，且还是不安全的苗头，容易引起大事故。

3.坏

设备或部件受到损坏会使井口装置的作用减小或失灵。造成井口装置（或设备）损坏的原因主要是平时生产与维修不慎碰坏，也有在井下作业修井过程中损坏的。因为管理体制不当或违反操作规程，也会损坏井口设备。

4.死

这类故障现象是设备不灵活或坏死，其原因是磕碰敲击，或者长期不进行维修、润滑而锈死，也有因污染易腐蚀液体未除净所引起的，导致井口装置操作不灵活，甚至失去了作用，从而影响生产及作业施工的顺利进行。如井口闸门的闸板脱落、丝扣撞弯与锈死等，都导致井口装置不能正常使用。

（二）井口故障的原因

井口装置故障的原因是多方面的，主要的原因有以下4个方面：

（1）设备本身质量差。

（2）维修保养不及时。

（3）违反操作规程而损坏。

（4）措施不得当造成的损坏。

（三）井口故障的一般修理方法

1.换采油树

随着工艺技术水平的不断提高，采油树的型号越来越多。由于采油树结构型号的不同，修井的方法和步骤也不相同。为了提高开发效果，实现在保持压力下采油的开采方针，油田现场经常进行的是将无顶丝法兰采油树更换为装有顶丝法兰的采油树。按现场修换采油树的种类和方法的不同，主要分为以下两种方法：

（1）顶丝法兰采油树修复方法。

①作施工设计。根据施工井的具体情况和需要修复的内容，按照施工的目的和要求编写施工的具体内容、方法和步骤，同时编写出技术安全措施。

②下投油管堵塞器。首先关闭采油树总闸门，用放喷管配合将堵塞器投入井内，用高压洗井车憋压，当确实证实了油管通道已被堵死（密封），方可进行下道工序。

③拍井。当证实了所投堵塞器密封后，采取用试放溢流观察，当井口无喷时，应抓紧时间拆卸采油树井口螺丝，将采油树拆除。

④修理或焊接。按照施工要求的项目进行修复工作。

⑤安装采油树。当井口部件设备修复后，应抓紧时间安装好采油树（若暂时不能安装上采油树时，也应盖好井口），一定注意要上紧顶丝法兰上的顶丝，防止由于井内高压造成的油管上顶，使油气窜出等。

⑥打捞堵塞器。当井口故障修复后，利用动力设备打捞出井内堵塞器，重新投产。

（2）无顶丝法兰采油树的修复方法。顶丝法兰采油树和无顶丝法兰采油树的主要区别是：前者可以与不压井、不放喷井口装置组合成不压井设施，可以采取不压井作业，而后者无不压井、不放喷井口装置设施，不能使用不压井作业。因此，两种采油树的修复方法不同。

无顶丝法兰采油树的修换方法是在现场根据井的具体条件与设备物质情况而定，一般常采用如下两种方法。

①压井防喷更换法。这种方法是利用压井的作用来获取顺利的施工条件，其具体步骤是：压井、拆换井口采油树、替喷洗井合格、重新投产。这种方法的优点是：由于采用压井液压井，施工时井内高压液体比较稳定，安全可靠，不易发生井喷事故。它的缺点是：由于压井要使用压井液（特别是高密度压井液），不仅造成物质的大量消耗，也容易将污染物注入油层，堵塞油流通道，使油井（或水井）修复后产油（注水）量降低。

②封隔器卡封更换法。采用这种方法更换采油树的原理是利用封隔器的封隔作用，配合井内（油管工作筒与堵塞器）和井口（井口控制器）的不压井不放喷作业装置，使井筒内的油气暂时喷不出来，以代替压井作业，进行更换井口采油树。

这种修复方法的优点是：不用压井作业，既避免了压井过程中压井液对油层的浸害，也节省了资金，同时无须进行压井工作，故不存在压住与压不住井的返工及误工现象，可以缩短施工时间，提高施工效率。这种方法存在的缺点：一是一旦封隔器或水力锚工作失灵，会造成井喷或人身事故的危险；二是水力锚卡住套管壁容易伤害套管，施工中要装、卸两次不压井不放喷井口装置，工序复杂等。

2.处理套管四通的技术

油井套管四通位于采油树总闸门之下，当其损坏或需要更换时，仅靠井口装置是无法控制井内油气流的。故其处理与修复方法与处理无顶丝法兰井口装置的处理方法基本相同，有两种方法：一种是采用压井防喷修复法，另一种是采用封隔器卡封修复法。但是考虑到采用第二种方法有潜在不安全、不可靠的缺点，如果采用这种办法更换油井套管四通时万一处理不当，必将造成大的事故。所以，一般修复与更换套管四通时都采用第一种方法，即压井防喷修复法。特别是对于地层压力大、产量高的油井，这点更应特别注意。

采用压井防喷修复法处理套管四通的具体施工步骤如下：

（1）压井。压井液及压井方式应根据井的具体情况来确定。

（2）拆卸井口控制器法兰螺丝，吊开采油树。

（3）起出井内油管。

（4）电焊割掉原来安装普通套管四通的法兰，换上新的或带顶丝法兰，以便安装新的井口装置。

（5）在新焊接的套管法兰上装上带顶丝法兰盘的套管四通。

（6）下入完井管柱（若此完井管柱不能代替喷管柱用，应在此前专下一次替喷管柱），将井内压井液替净，然后用不压井不放喷井口装置起出此替喷管柱，再下完井管柱。

（7）坐好采油树，上紧所有螺丝，特别是顶丝法兰盘上的顶丝，以防替喷后井内高压油气流上顶油管柱造成井喷。

（8）用完井管柱（或专下的替喷管柱）进行替喷洗井合格后，便可以进行重新投产。

3.处理套管四通应注意的事项

（1）井口电焊必须办理油井井口用火手续，备齐消防设备和工具。电焊焊割必须在井内液流稳定、井口无油气喷溢（或油气显示）时方可进行。

（2）拆卸采油树后，注意钢圈等部件的存放，以防磕伤，注意螺丝及小件工具不能丢失与落井。装采油树时应注意对正轻放，以防砸破钢圈或其他部件，造成井口漏失而返工。

（3）吊起采油树时，应防止掉落砸伤人员或井口设备。

（4）如果需要更换或割焊的部分过低时，为便于电焊操作，事先应挖好圆坑，以缩短在井口用火工作时间，且能保证质量。

（5）割焊井口前应仔细丈量尺寸，割焊后应准确校正油补距。

（6）对于壁厚较厚的套管焊接，应采取对焊；对于壁厚较薄的或腐蚀严重的套管，应用大于原套管直径的套管进行套接焊牢。

（7）对于所选更换井口的套管，其内径最好与原井套管内径相同。若大于原套管内径时，在原套管顶部内径上要打斜坡，以防下放井内管柱和工具时遇阻、顿钻及伤损，造成事故等。所选更换的套管内径不得小于原井套管内径。

（8）一定要保证焊接质量，在对焊口处应焊两遍以上，并应适当增焊一些加强筋，以增加其强度。焊接后，要进行通井及试压检验，既要保证焊接正直不偏斜，又要能承受额定压力、不刺不漏为合格。

五、射孔

射孔就是根据开发方案的要求，采用专门的油井射孔器穿透目的层部位的套管壁及水泥环阻隔，构成目的层至套管内井筒的连通孔道。因此，射孔是油田开发的重要步骤，是开采油、气、水井的重要手段。射孔质量的优劣是关系到开发方案能否按设计目标付诸实施，并得以全部实现的重要条件之一。射孔的目的主要是试油、采油、采气、补挤水泥或注水等。

（一）射孔测置仪器

实现定位射孔方法需要有测量套管接箍位置的井下仪器作为定位手段，目前主要采用磁性定位器。

1.磁性定位器的工作原理

根据电磁感应定律可知，当磁铁或线圈做相对运动时，线圈周围磁场的磁通量发生变化，磁力线切割线圈的线匝而产生感应电势和感应电流，线圈未成回路时，没有感应电流，只有感应电势存在。造成电磁感应的基本条件是包围线圈的磁场的磁力线切割线圈，而要使磁力线切割线圈，必须使线圈周围磁场的磁通量发生变化，也就是磁铁和线圈做相对运动，但磁性定位器的结构是不允许磁铁和线圈做相对运动的，那么线圈周围的磁通量就不会发生变化，也就不会产生感应电势，这样我们可以用另外一种形式造成磁通量的变化，即依靠外来铁磁物质的变化。由外界铁磁物质影响自身磁场所产生的感应电势反映了外界环境的变化，所以当磁性定位器在套管中滑行经过接箍时，由于外界铁磁物质——套管壁的厚度发生了变化，磁力线分布发生变化，从而切割线圈产生感应电势。当在地面仪器上看到正被记录的磁性定位器信号波形时，就会断定这时的磁性定位器正从井下某深度的接箍处经过，从而和地面仪器的深度部分配合，完成射孔定位工作。

2.射孔深度计算

射孔深度的计算是保证射孔质量的一个重要环节，深度计算得准确，就可以全部射开油层，使油井达到设计产量。

射孔深度计算主要由实施射孔单位来承担，但作为井下作业单位应认真填写射孔原始资料并提交射孔单位。一份完整的油气井井射孔深度通知单包括井号、井别、射孔层段序号、油层组及小层编号、射孔井段深度及对应的夹层厚度和射井厚度、孔密和孔数、累计夹层厚度、射孔厚度、有效厚度、地层系数、编制人及审核人签名。

（二）定位射孔

1.定位射孔方法

射孔是在油井下入套管固井后进行的，因此套管与目的层的相对位置是固定不变的。射孔目的层井段的深度是由电测综合测井曲线图确定的，套管接箍深度是由放射性与套管接箍测井曲线确定的，通常把放射性测井原图的中子伽马曲线（或自然伽马曲线）与综合测井曲线图的微电极曲线对比，得出深度校正值，进行校深。另外，在井下作业过程中所下衬管、尾管工序完成后均要测放射性校深及节箍，为下步射孔提供依据。

2.定位射孔

射孔时跟踪套管接箍测井曲线，由套管接箍位置控制射孔深度，射孔枪连接在磁性定位器下面，记录仪的记录纸上已描好用来控制射孔深度的套管接箍曲线。

3.射孔工艺可能产生的后果

（1）穿孔效率：射孔弹聚能喷射时，转变为聚能射流的金属质量约占金属罩总质量的30%，铜罩的其余部分变成流芯或碎片，以较低的速度（500 ~ 1000m/s）在射流后面移动，有时常堵塞所射的孔眼。若水泥环较厚，射孔弹穿透深度较小，则不能穿透，造成射孔的穿孔效率较低，从而影响油层出油。

（2）射孔密度：射孔器中少数射孔弹因连接传爆较差，未能发射，使射孔发射率降低，射孔孔眼达不到设计密度，从而影响油井的产量。

（3）对套管、水泥环的损害：射孔弹爆炸时产生大量能量，可能引起射孔部位套管膨胀变形，甚至破裂；也可能震裂套管外水泥环，造成管外窜槽。套管变形严重时，封隔器不能密封，油井不能配产。

（4）深度误差：射孔深度误差过大会影响油层的射开程度，引起油井水淹，从而对油田开发造成损害。

（三）配合射孔现场操作规程

（1）按照设计方案要求进行压井。

（2）准备好井口设备和安装工具，切实做好防喷准备。

（3）射孔前，套管必须按规定通井，冲砂洗井至人工井底。

（4）新井射孔之前，必须对套管试压并符合其规定。

（5）射孔深度误差不得大于0.1m。

（6）射孔米数超过3m时，必须下管柱进行洗井后方可完井。

（7）下衬管井射孔后必须试挤，挤入量大于 1m^3，挤入压力低于 15MPa，挤入时间不少于 5min。

（8）射孔过程中要有专人看管井口，防止落物，并注意有无油气显示。

如发现有外溢现象，应停止射孔，并立即抢下管柱，待调整液柱压力后再射孔。

（9）下炮弹过程中如发现有遇阻现象，不要硬顿，须提出炮弹，待研究井下情况后再采取相应措施。

（10）整个施工过程中，修井队必须与射孔队紧密配合，做到安全射孔，井口周围严禁有烟火。

（11）射孔资料的收集：

①审核射孔施工卡片；

②测量压井液密度；

③射孔方法及炮型；

④射开层位、井段、孔数、发射率；

⑤射孔后有何显示；

⑥射孔时间及下井次序；

⑦其他特殊情况。

第二节　特殊井大修

一、薄壁套管井大修工艺技术

（一）薄壁套管井的特征及存在的问题

1.特征

完钻后下入壁厚小于5mm的套管完井的油井、水井称为薄壁套管井。薄壁套管多为ϕ139.7mm及ϕ168.3mm的有缝套管，管与管之间用钻杆做的接头连接且有一部分地质套管。薄壁套管井主要分布在克拉玛依油田开发较早的区块，有类似井154口，井深在1000m左右。

2.存在的问题

薄壁套管井内径变化很大，一般相差35～40mm。存在的主要问题是：由于套管有缝且壁薄，承受压力低，在自然条件下承压10MPa以下，加之注采过程中油（气）、水的运移，受各种应力的影响极易变形、破漏，满足不了油田开发生产的需要。有一大部分类似井投产时间很短就不能正常生产或完井后就无法生产，这就是薄壁套管井的特殊性。

该类井的完井方式与常规井相似，仍然采用射孔完成，固井时水泥返高到一定位置。经室内及现场试验，油层部位管外有水泥固结，能承受高压。关键是水泥返高以上部分及固井质量不好的类似井如何承压是一个技术关键问题。

（二）薄壁套管井的修井工艺技术

1.压井

对于薄壁套管井，因考虑套管本身不能承受较高的压力，故不能从套管进行挤压井，而在压井无循环通道的情况下，可从油管挤压井。在油管挤压过程中环空应进行控压，控压压力一般在7～8MPa。目的是防止将上部套管挤破和挤变形。待油管挤压后起出1～2根管柱进行循环压井，但循环过程中一定要注意观察泵压，预防因泵压突变而挤毁套管。

2.打捞

薄壁套管井因固井时不能按常规方法使用胶塞，因而人工井底常超过套管底部或底水泥塞过高，所以上修过程中人工井底深度至关重要，特别是打捞过程中井况要清、数据要准、选择工具要合适，防止打捞工具对套管的挤压及磨损。

3.修套

由于薄壁套管井的特殊性，加上类似井固井质量差、受地层油水运移的影响，套管极易变形损坏，因此解决薄壁套管的修套方法尤为重要。对于薄壁套管的修套方法，应掌握井径是否有变化，如盲目用等直径工具易造成复杂事故。修套方法中，选择合适的工具是薄壁套管大修的重点。修套时除采用常规修套工艺外，还要特别注意以下3点：

（1）薄壁套管井由于本身管壁较薄，在修套过程中，一方面容易恢复变形，另一方面修套时间长极易将套管磨穿造成新的破损，所以修套过程中不应将钻具停留在某一部位进行长时间磨修。

（2）钻压一般选择10～20kN，转速为100r/min。采用轻压快转通过套变形井段。

（3）工具的选择是保证薄壁套管修套成功的关键。修套过程中一般多用光面磨鞋，在对于井况清楚的情况下，也可采用其他工具。

4.解决薄壁套管井承压的工艺措施

解决薄壁套管井承压的有效方法是下入封隔器，靠油管内加压，可满足注采需要。对于薄壁套管井井身极不规则的情况，在摸清井身结构的基础上，根据开采的需要，采用以下工艺措施有效地解决了承压问题。

（1）对于套管内径基本相同、管外有水泥固结的薄壁套管井或采用地质套管的薄壁套管井，可直接在此井段座封封隔器。类似井占薄壁套管井的比例大，但因这类井接箍处的内径大，所以封隔器座封位置应避开接箍。

（2）对于采用钻杆作接箍的薄壁套管井，因接头部位直径小，封隔器易座封达到密封承压的目的，关键是数据要准确，确保封隔器在接头部位座封。

（3）对于封隔器座封在夹层及没有接头部位或尾管太长不易支撑在井底的薄壁套管井，采用在封隔器座封井段先注水泥塞，其长度根据其座封载荷而定（一般3～5m即可满足施工需要），然后用略大于尾管尺寸的钻具将水泥塞钻穿，造成一个台阶，使其封隔器下支承筒座封在水泥环上，从而达到承压目的。

以上3种工艺措施适用于不同的施工及完井需要。封隔器一般采用支柱式，但为了适应薄壁套管井工艺的需要，特制了一批锥形封隔器，即封隔器下支承筒带有一定锥度，目的是使其与座封面更好地接触，保证进一步座封成功，从而解决薄壁套管井承压问题。

二、小井眼大修工艺技术

（一）小井眼的形成

小井眼是指完钻后下入直径ϕ121mm以下油管作为套管的油水井，井深300～1000m。小井眼钻工艺技术于油田开发初期在中深井及浅井中推广，特别是对浅油层和单一油层开发具有一定的价值，满足了油田开发初期生产的需要。但是由于小井眼受当时技术条件的限制，完钻后有一部分井没能及时投产，一部分井投产后由于工艺没能跟上，迫使部分油、水井停产，因而影响了油井利用率及油田合理有效的开发，分析其影响因素，与其小井眼的以下特征有一定关系。

（1）井浅，地层压力高，小井眼井承受压力高，套管易破裂。

（2）井眼小，环形空间间隙小，摩阻大，所以使入井流体、钻具、工具受到限制。

（3）初期注采工艺和电测、打捞工具不配套，采油树型号不标准，给采油和修井造成一定难度。

小井眼钻采工艺技术在投资少、专用管材匮乏的条件下，对油田开发起到了很好的作用。小井眼大修工艺技术也就在满足油田小井眼井开发需要的条件下运用产生，且逐步完善。

（二）特小井眼大修工艺技术

特小井眼除具备小井眼的共性外，还有其特殊性，该类井井内无结构及管柱，井深多为300m（第一种结构的特小井眼除外）.，且多为筛完成井。掌握了特小井眼的特征后，通过反复试验，进行了压井、打捞、冲砂、回采等工序，形成了适应特小井眼大修的系列工艺技术。

1.井口准备

井口准备是特小井眼上修时的一个首要问题。因随大修设备配套的方钻杆不能下入特小井眼内，故必须离特小井眼井口以下5m左右换成直径ϕ114mm以上的套管才能保证其冲砂、钻水泥塞等工序的实施。井口准备：

在原井眼管外不出油、气、水或井壁不坍塌的情况下倒出一根油管，然后将所准备的套管连接大小头下入与其对扣。对于管外出油、气、水的井要先封管外再采取措施。

2.钻具和工具的准备

由于特小井眼的特点，钻具和工具的准备尤为重要。特小井眼井井径仅为50～62mm，仅能使用直径φ42～φ50mm的外平地质钻杆（施工中多用φ42mm的钻杆），其环形空间间隙为8～12mm。根据特小井眼大修工艺的需要，完善并配套了与钻杆相匹配的井下及地面工具，从而为特小井眼大修创造了条件。

特小井眼大修作业多为冲砂、钻水泥塞回采。为了适应施工需要，自制了一批特殊工具，如直径为42～50mm的梨形磨鞋、尖钻头、十字钻头等，满足了特小井眼施工的需要。

3.压井

特小井眼由于井内无管柱，所以压井方法一般采用挤压法。关键是特小井眼井浅，内径小，因而容积也小，因此要求压井过程中容量一定要准，否则极易污染油层或造成井喷，堵塞筛孔部分，挤毁井眼。挤入压力一般控制在10～15MPa，压井后因井眼小，压力扩散慢，一般压井后关井扩压4h左右。

特小井眼选择使用的压井液和修井液时要特别注意，不能使用普通修井液，因普通修井液摩擦阻力大且泵压高，极易堵塞钻头及钻杆水眼，地层也易受污染。为了满足特小井眼大修工艺技术的需要，采用低固相或无固相修井液。对于密度为1.2g/cm^{3}以下的，修井液使用氯化钠和芒硝水；密度为1.2～1.4g/cm^{3}时，使用氯化钙修井液。

4.冲砂

特小井眼由于受本身特征影响，冲砂作业时，排量小而泵压高，一般300m井深采用300型水泥车，一挡排量时泵压均在8～10MPa。冲洗时向下冲刺力强，速度快，但携砂能力差。如不控制下钻速度与接单根前充分的洗井时间，极易发生卡钻或加不上单根的现象。尤其是筛管井段冲砂时，由于筛管内、外不稳定（特别是第一种类型的井身结构井，筛管部位与上部管柱内径突变，改变了洗井液的流型），更应特别注意。通过反复实践，采用以下措施可较好地解决上述矛盾。

（1）提高修井液黏度，在修井液中加入1%～2%的高黏度羧甲基纤维素，使修井液黏度提高到25～40s，增强携带能力。

（2）在砂堵井段控制冲砂速度每10min冲洗1m，加单根前洗井18～20min，使其沉砂井段有充分的洗井时间。

（3）在沉砂及筛管井段采用间歇洗井的方法，即洗上几个循环后停止10～20min，这样反复2～3次，即可达到较好的冲砂洗井效果。

（三）小井眼大修工艺技术

对于一般小井眼作业基本同常规井，但必须有系列适合于该类井作业的配套工具。作业过程中，由于环空间隙小，起下钻速度必须掌握适当，防止压力激动造成井喷或挤毁套管等井下事故。

小井眼大修经过多年的实践，总结了系列工艺，并成功地在直径ф114.3mm的小井眼套管中推广了侧钻工艺，从而使小井眼大修工艺技术满足了油田开发的需要。

1.钻水泥塞

作业过程中发现小井眼井内往往留有水泥塞或水泥环，如不钻掉水泥塞，下一步工序便无法实施。由于小井眼的特殊性，故钻水泥塞也应采取相应的措施，钻进参数一定要适当，钻压一般为 20 ～ 40kN，转速为 60 ～ 100r/min。泵排量控制在 180 ～ 240r/min，采用工具为十字钻头、尖钻头和取心钻头。

2.打捞

小井眼内落物的打捞应采用小直径工具，如工具扭断在井内就会进一步增加小井眼打捞的复杂性，所以工具的选择、扭矩及其施工参数的选择至关重要。如工具、参数选择不当，即使钻具不扭断，井内落物扭转变形也会造成打捞后起不出井内的现象。如果井内落物下工具多次捞获无效，可采用简式打捞工具或高强度磨鞋将落物磨掉。

值得注意的是，在整个打捞过程中应严格执行操作规程，不能出现强扭硬转、强提硬拉及倒车现象。

三、非常规井大修工艺技术

油田开发过程中有部分非常规系列的油层套管，如钻杆完成井、长期积压井和经井下作业侧钻、下衬管等类似井称为非常规井，也属特殊井范围。该类井占油田油、水井比例不大，但不能正常投入生产，影响了油水井利用率及原油生产。

（一）钻杆完成井大修工艺技术

油田开发初期，有部分钻杆井投入油田开发，完井方式多为筛管完成，井深800～1000m。井深结构大体如下：上部为直径为101.6～114.3mm的钻杆，内径为φ984～100mm，下部为直径为127～139.7mm的筛管。因该类井固井质量、水泥返高不详，大部分完井后不能及时投产，即使投产，但由于下部为筛管完成，极易砂堵不出或砂卡管柱不能生产。

钻杆完成井大修经过不断实践，总结了冲砂、打捞、修套等系列工艺技术及配套工具，满足了钻杆完成井大修井的需要。

（二）长期积压井大修工艺技术

长期积压井是指油水井生产一段时间后因工艺技术、井况等因素不能正常生产而长期关井且具有生产能力的生产井。该类井的修复具有较高难度。

（三）侧钻、下衬管井大修工艺技术

侧钻、下衬管后投入生产的井相当于新井，类似井的大修占比极少，如果不是由于地质因素、井内事故，一般不易返修。一旦大修，因井内有两种不同尺寸的套管，故不能按一般常规大修井对待，属非常规井大修工艺。

四、井下管柱固封处理工艺技术

（一）井下水泥等固封管柱的形成原因及预防措施

1.井下管柱固封形成的原因

在油田开发过程中，为满足生产需要，油水井采用挤注水泥、胶凝状树脂等堵剂作业较多，而在挤注过程中由于措施不当等原因，造成管柱、井下工具被水泥等团在井筒内的现象称为井下管柱固封。造成水泥等固封管柱的原因很多，除工作质量外，可归纳为以下5个方面。

（1）挤注水泥或堵剂前，井况不清，上部套管有破漏，使其水泥浆（或堵剂）短路上返。

（2）施工措施不当，判断、计算失误。

（3）设备运转不正常，中途发生故障。

（4）地质因素引起井涌、喷，水泥浆在凝固过程中没有一个稳定的环境。

（5）井筒沉砂、堵剂及压井液中有沉淀物。

挤、注入水泥等作业过程中，造成固封管柱的类型有下述3种：①渗透卡：由于管柱丝扣未上紧或由于管柱（套管）某处有破裂存在，挤注水泥及堵剂过程形成水泥浆堵剂渗漏卡钻而固封部分管柱。②变形卡：挤注过程由于套管变形，挤注水泥施工完毕后起不出结构，形成套管变形、水泥等卡钻。③掉落卡：由于管柱未达到上扣扭矩，在挤注过程中使部分管柱扣松动甚至脱扣或由于井口掉落物形成水泥等卡钻。

井下管柱固封井一般分为两类：一类如灌肠，即一定深度的整个井筒，管柱内、外全被水泥等固封，无任何循环通道；另一类钻具内无水泥，管柱与套管环空被水泥固封，个别井甚至有循环通道，一旦形成井下管柱固封现象，要想不采取措施而起出井内管柱都是难以实现的。

2.预防水泥等固封管柱的措施

为了防止挤注水泥等堵剂过程中井下管柱固封事故的发生，可采取以下预防措施。

（1）选用的封隔器类型要合适，直径比套管内径小8～12mm，短尾管底不带死堵。所有管柱达到上扣扭矩。井口装防喷器。

（2）在套管损坏与地层严重亏空段以下不下封隔器，而用注水泥塞或填砂的方法。

（3）在采用高密度压井液施工井中，下封隔器及管柱后及时挤、注水泥或堵剂，否则挤注前应活动管柱，充分循环洗井。

（4）对有条件的施工井，挤注水泥等堵剂前应对上部套管试压。对于因故不能查找上部套管完好情况的井，挤注水泥等作业完毕后应及时起出井内所有管柱。

（5）挤注水泥等作业过程中，严防井口小件工具、配件掉落入井。

（6）挤注水泥过程中认真执行有关标准。按设计控制挤注水泥泵压、反洗井、侯凝管柱位置，所有计算准确无误。

（7）整个施工过程中，保证各类设备（挤注设备、起升设备、洗井供液设备）完好，运转正常。

（8）全部施工时间控制在水泥浆初凝时间的70%以内。关井候凝时井口不刺不漏。

（二）处理井下水泥固封管柱应遵循的原则

1.对挤注水泥等堵剂后水泥等卡钻时应采取的原则

（1）迅速判断以下问题：卡钻的原因、卡钻的位置、水泥浆初浆时间。

（2）采取正确的处理措施，其原则如下：

①变水泥卡钻为普通卡钻。

②不增加人员、设备、井下事故。

③在安全的前提下，力争活动、转动解卡。

（3）采取的具体措施如下：

①利用管柱伸长求卡点。

②适当地转动管柱，但决不能硬扭。

③立即大排量循环洗井并控制地层外吐，有条件时采用反循环洗井，目

的是将水泥浆稀释解除水泥卡钻。

④不能构成循环时则采用替置液反挤，反挤替置液时间在水泥浆初凝时间以上，目的是将水泥浆或堵剂推挤出井筒。

⑤以上措施无效时，则紧扣，力争从卡点处倒开。

2.对确认造成水泥固封管柱（或要求上修解除水泥固封管柱）井的处理原则

处理水泥固封管柱之前，对井况要做好摸底，分析造成水泥或堵剂固封的原因，被固封管柱的尺寸、深度、形状至关重要。然后针对不同类型的水泥固封管柱井采取不同的工艺技术。

（1）对具备一定循环通道的水泥固封井采用一定浓度的酸浸、酸泡措施，目的是解除环空水泥，起出被卡管柱。

（2）采用酸浸、酸泡措施达不到目的时，切不可强提硬扭，必须采用套铣与倒扣的工艺技术进行处理。

（三）水泥固封管柱处理工艺技术

处理水泥固封管柱大修工艺技术，其技术要领如下。

（1）用探、测方法证实环空水泥面高度，证实水泥固封上部管柱是管体或接箍后，求出卡点倒扣，倒出未被水泥封固管柱。

（2）采用长度超覆管柱（单根）长度的套铣工具，套铣清除管柱与套管环形空间的水泥。套铣管尺寸以管柱接头尺寸和套管内径而定。一般对ф139.7mm套管采用ф114mm套铣，ф168.3mm套管采用中ф127mm套铣管。

套铣过程应严格执行套铣工艺技术标准，技术参数要选择适当，且要经常活动套铣钻具（一定要注意循环系统工作情况，切忌在无循环的情况下套铣）。套铣进入固封管柱后钻压为5～10kN，转速为100r/min，排量为200～300L/min，套铣过程如20～30min不进尺或有异常响动，必须起钻检查，以防止其他事故或磨铣套管。

（3）套铣进尺超出被水泥固封管柱一单根长度后，用工具捞获、倒扣，这样循环进行套铣、倒扣处理井下水泥固封管柱事故，以达到井筒畅通的目的。倒扣过程中如发现鱼顶破坏或管柱靠井壁时，可用平面磨鞋与套铣切割相结合的方法修复鱼顶后再倒扣。平面磨鞋使用过程中钻压可加20～30kN，其余技术参数不变。

（4）对于特殊井内水泥固封管柱的处理，除有其共性外，还有其特殊性，因此要特殊对待。如ϕ114mm套管内的ϕ60.3mm钻杆或ϕ62mm油管，ϕ139.7mm套管内的ϕ73mm钻杆，其接头或接箍分别为ϕ86mm、ϕ89mm和ϕ105mm，按常规套铣工艺用直径ϕ89mm、ϕ114mm套铣工具套铣时，接头（或接箍）处下不去，且一旦套管变形很容易切削套管，所以必须用工具倒出接头（或接箍）或用磨鞋磨掉接头后，再进行套铣作业。

对井下水泥固封管柱为ϕ40.3mm油管时，也可采用钻磨工艺处理，但钻磨时要注意泵排量，钻磨后要注意捞出铁屑。对于极少数水泥固封管柱井，由于采用套、磨、倒处理效果不好或由于原井眼井况差等原因，可采用侧钻工艺技术恢复类似井的生产。

五、膨胀管密封加固新技术

膨胀管套损井修复技术是将管柱下到井底，以机械或液压的方法，通过拉力或液压力使管柱发生永久塑性变形（膨胀率可达15%～30%），进行修复套管损坏部位，并尽可能达到原井生产套管内径的目的。对膨胀管实施胀管的工艺过程改变了膨胀管的金相组织和机械性能，其强度指标得到提高，塑性指标下降。通过选择或调整膨胀管材料、控制膨胀率等技术手段，可在完成胀管过程后获得与特定钢级套管相当的机械性能指标。膨胀管材料具有较高的强度，同时为了适应膨胀管膨胀过程的变形量大的需求，膨胀管材料还必须要具备良好的塑性变形性能。

膨胀管尺寸需要针对套损井套管尺寸进行优选，包括钢管外径和壁厚。研究表明，膨胀后管子的径厚比也影响抗挤强度。一般来说，膨胀管径厚比越小（即膨胀管壁厚越大），则其抗挤强度也越大；反之，径厚比越大，膨胀管的抗挤强度越小。因此，考虑膨胀率、套管内径、胀后通径和成本等多种因素，在按国家标准生产的无缝钢管中优选膨胀管。用投送管柱将膨胀管送至套损部位，然后憋压，在液压作用下，胀头胀开膨胀管并上行，使膨胀管挤贴在套管上，以达到补贴的目的。

六、取换套管修井新技术

在定向井中，由于和常规直井井眼轨迹不同，造斜段和弯曲段易切割套管，甚至造成鱼头丢失，导致很多定向井（组）造斜井段以下损坏的套管不能进行取换套修复。为适应修井市场的需要，研制定向井取套技术，实现对造斜段以下的弯曲井段的取换套修复。

（一）定向井取套技术难点

由于定向井井身结构的特殊性，和常规直井相比，取换套技术存在较大的施工难度和风险，主要表现在：定向井造斜段井眼曲率大，较大刚度的套铣筒在套铣时通过性差，易造成套铣管柱的蹩跳，将套管打断、打散；套铣头与套管一侧紧密接触，造成切削套管，将套管切折；施工过程中，套铣筒与井壁接触面积大，易造成黏吸卡套铣筒；套铣后倾斜裸眼井段地应力集中，易坍塌，造成砂埋套铣筒，并且环空面积大，返砂困难，易引起井漏或砂卡，造成工程事故；对扣补接难，由于该井段下断口套管不居中，存在偏心距，致使对扣时下断口引入难。

考虑到以上问题和难点，定向井取套技术在工具和管柱结构设计上，主要采用防切套铣头和内扶正原理对套铣管柱进行重新组合，解决套铣过程中套铣头切削套管和套铣筒蹩跳将套管打散的难题。同时，根据井眼曲率的不同情况，确定出相应的工艺管柱及施工参数，实现对定向井的取换套修复。

（二）工具研制及管柱结构设计

1.滚珠防切套铣头

为防止套铣头对套管的磨损、切削而导致鱼头丢失，采用下部外齿周边带倒角和滚珠的扶正机构。其中，滚珠能够自由滑动，实现在套铣过程中点接触，减小套铣头内刃与套管的接触面积，能够有效地防止套铣头在通过弯曲井段时发生蹩钻、套铣头切削套管，造成鱼头丢失。

2.滚珠收鱼套铣头

滚珠收鱼套铣头用于处理套损部位，实现下部套管引入，是专为严重套损井套铣引入和防丢鱼设计的配套工具。刀体上镶有滚珠，能自由滑动，减少套铣头和套管的接触面积，减小摩阻，并具有很好的扶正作用，保证在套铣头通过弯曲段时不蹩钻，防止套铣头切削套管，造成鱼头丢失。

3.轴套防切套铣头

轴套防切套铣头采用内部滑动轴套扶正结构替代滚珠支撑方式，避免滚珠与套管直接接触发生切削套管现象，同时利用双排刀齿结构提高套铣速度。为保证轴套式扶正结构有效提高定向井取套能力，通过理论计算，对内置扶正结构进行设计和分析。

4.变向短节

利用球面连接结构方式可使短节下端沿任意方向旋转1.5°，从而实现管柱较短弯曲变形、管柱结构柔性化，进而提高套铣管柱与套管的相容性，达到跟随井眼轨迹套铣的目的。

5.滚珠扶正器

为克服定向井弯曲段管柱通过困难、套管自由状态下过度贴合套管、套铣筒摩擦力过大，从而损伤套管，滚珠扶正器的设计采用在本体四周内部装有滚珠。滚珠个数为8个，每个滚珠直径为16mm，凸起部分为2mm，同时能自由滑动，不但起到扶正作用，而且将摩阻降到最低。

第三节　斜井、水平井大修

一、水平井解卡打捞工艺

水平井解卡工艺是针对水平井中弯曲段和水平段中的落物实施的一项解卡技术。由于水平井的特殊性，常规直井的解卡方法（活动管柱法、井口震击法、普通钻磨铣套法等）已不适用。水平井井下受力复杂，无法准确计算卡点位置和确定倒扣的中和点，应根据水平井不同的阻卡类型及落鱼情况采取不同的解卡技术。水平井解卡打捞工艺主要包括水平增力解卡打捞工艺、震击解卡打捞工艺（包括倒装钻具震击解卡打捞工艺、倒装钻具＋下击器震击解卡打捞工艺、震击倒扣解卡打捞工艺）和套铣倒扣解卡打捞工艺。目前，工艺、管柱和工具已全部实现了配套和系列化。

（一）水平增力解卡打捞工艺

1.工艺原理

水平增力解卡打捞工艺与普通直井上提活动管柱的解卡方法不同，由于水平井井斜角大，在井口活动管柱能量传递效果差，不易解卡。可利用井下打捞增力器把大钩的垂直拉力转变成水平拉力，且具有增力效果，二力共同作用实现解卡。

2.适用范围

水平增力解卡打捞工艺主要适用于各种管柱断脱滑落至弯曲或水平段被卡，或生产、压裂、改造等管柱被砂卡在水平段内的情况。

（二）震击解卡打捞工艺

1.工艺原理

针对水平井钻压传递困难的情况，采用倒装钻具结构或配合下击器共同作用进行震击解卡，或利用连续油管配合连续油管震击器、加速器等进行近卡点震击解卡。该钻具结构较好地克服了常规钻具在水平井的不适应性，能进行轴向钻压和冲击力的有效传递，在配合震击器进行近卡点震击时解卡效果更佳。

2.适用范围

震击倒扣解卡打捞工艺主要适用于掉井或被卡管柱结构复杂，或被砂埋、砂卡，难以一次性震击解卡的复杂管柱阻卡型故障的解卡打捞。

（三）套铣倒扣解卡打捞工艺

1.工艺原理

对管柱环空被小件落物或沉砂填埋而造成的卡管柱采用套铣筒及配套钻具进行套铣，将被卡管柱环空中的卡阻物去除，以解除阻卡。现场多结合倒扣实施打捞。

2.适用范围

套铣倒扣解卡打捞工艺适用于砂卡管柱或小件落物等其他外来物体落井后在环空中将管柱卡死的解卡方法。一般在活动、震击等无效的情况下最后实施的有效解卡方法。

二、水平井钻磨铣工艺

在水平井改造故障井中，常会出现在弯曲段或水平段掉入一些小件落物，造成堆积卡阻，需要清除。同时，对一些复杂事故井的处理，经常遇到鱼顶破碎、形状复杂、落物卡死或被埋等多种复杂情况，作为下一步处理的过渡工序或直接作为处理工艺，钻磨铣技术在疑难复杂井的修复中起到关键作用。如对套变和鱼头同步的故障井的修复，在无法解卡和整形的情况下，就需要先将套变处的落鱼进行修整，露出套变点后才能实施整形和解卡打捞施工。

水平井钻磨铣工艺主要包括动力钻具驱动和复合驱动两种。目前，在工艺、管柱、工具和修井液上实现了配套及系列化。采用水平井专用钻磨铣工具和相应工艺管柱对被卡落鱼或完井附件、水泥塞等进行钻磨铣处理，如对电缆、钢丝绳、掉井管柱及工具等进行钻磨处理，可直接将落鱼钻磨掉，以清除阻卡处的落鱼，实现修复或为下一步施工提供保障。

利用动力马达进行钻磨铣工艺，管柱整体采用倒装钻具结构，便于施加钻压和减少整个管柱的摩阻力。在钻磨铣时，既可采用动力钻具驱动技术，又可采用复合驱动技术。采用动力钻具驱动技术，利于保护套管，安全性高；采用复合驱动技术，既减少管柱对套管的摩擦，具有一定保护套管的作用，又可提高钻磨铣套的工作效率，二者适用于不同的井况。

针对水平井钻磨铣过程中因弯曲和水平段长、钻屑返出困难、易形成多次沉积阻卡管柱的问题，可应用水平井钻磨铣专用修井液体系（暂堵聚合物体系），其具有携砂和流变性能好等特点，并具有保护油层的作用，满足了水平井钻磨铣施工需求，现场应用取得了较好的效果。

三、液压倒扣器在水平井、斜井修井中的应用

随着水平井、斜井及丛式井等在油气开发中的广泛应用，相应的修井和措施改造等作业也逐渐增多。受其特殊的井身结构影响，这类井眼修井时下井管柱在水平段和斜井段内贴靠在井壁底边，受摩擦面积大、管柱与套管内壁发生多点接触以及管柱弯曲等因素影响，修井倒扣解卡打捞等工艺存在不能旋转、加不上压重以及摩擦损伤套管等问题。液压倒扣器由油管或钻杆连接送入井中，下带相应配套的打捞工具捞获被卡管柱，通过地面液压操作，液压倒扣器动力部分产生左旋扭矩，此扭矩直接从倒扣器锚定部分传递给落鱼，使落鱼受到反旋扭矩，从而卸开落鱼管柱上的螺纹。

（一）技术分析

1.结构

液压倒扣器由动力部分和锚定部分组成，动力部分主要由上接头、复位

弹簧、扭矩轴、离合套和防回旋棘齿等组成，它可将地面提供的液压转换成扭矩，使扭矩轴产生左旋扭矩。锚定部分主要由锚定翼板、锚定心轴和复位弹簧等组成。锚定翼板可张开，固定在套管内壁上，使上部工作管柱不动，不受扭矩。

2.工作原理

将带有倒扣功能的打捞工具下至鱼顶位置，按照相应的抓捞操作程序打捞后，加压使锚定部分上的锚定翼板在心轴的作用下张开，与套管壁接触，下放钻具，使钻具载荷通过锚定部分的心轴作用到锚定翼板上，即作用在套管上，从而将打捞管柱在井内固定好。

正加压，压力液作用于顶部活塞和底部活塞，使其下行，压缩弹簧，产生左旋扭矩，其扭矩通过外套传递至锚定部分的锚定翼板，锚定翼板相对套管不动，而作用力则通过扭矩轴传递到打捞工具上。当泵压逐渐上升时，其产生的扭矩也相应增大。当扭矩增大到使需要卸扣的螺纹转动1/2圈时，泵压降为0，重新加压继续下一个循环，直至将螺纹卸开。倒扣结束后，上提钻具，使油套连通，锚定翼板在弹簧力的作用下收回，起出打捞钻具。

3.液压倒扣器倒扣管柱结构

倒扣器与打捞工具的连接顺序自下而上依次为打捞工具（倒扣捞筒或倒扣捞矛）＋倒扣安全接头＋下击器＋液压倒扣器＋油管至地面（也可不接下击器）。

上述组接形式中，利用倒扣捞筒或倒扣捞矛去抓捞落鱼，用液压倒扣器伸缩弹簧或下击器去补偿连接螺纹松扣时的上移量，安全接头的作用是在特殊情况下释放其以上的管柱。

（二）倒扣施工作业程序

（1）下钻具、探鱼顶。

（2）打捞，上提钻具检查捞筒是否捞获落鱼。

（3）上提钻具，悬重控制在设计倒开位置处，即为中性点（可以通过拉伸试验来计算钻具中性点位置）。

（4）正加压的同时下放钻具，加压若干，使锚瓦外壁接触到套管内壁，并使锚瓦坐封，套管返出水，则表明工具已开始倒扣或循环，继续加压使工具处得到足够的压差，产生倒扣扭矩。

（5）油管压力自动下降至0后停泵，使油套平衡，倒扣工具活塞弹簧回到工作状态，为下一个循环做准备。

（6）反复正加压、放压，每加压一次，液力扭力转换系统动力部分就会倒扣转动1/2圈（随着加、放压次数的增加，下部的反扭矩增加，所需的压力越来越高，直到钻具倒开后压力才会下降）。当发现压力下降，说明倒扣作业完成。

（7）倒扣完成后，上提管柱，使卡瓦收回，解除锚定。

（8）起出井内打捞钻具，捞出落鱼。

（三）使用时的注意事项

（1）静液柱压差足以阻止柱塞回到顶部起始位置，使得工具不能加压，这时就需要通过向环空加压（0.3～0.7MPa）帮助活塞返回。环空的压力可确保活塞返回上部倒扣起始位置，需保持压力约1min再放压。

（2）倒扣器工具安装有1个卸压阀，此阀充当完成1个完整行程时的指示器。每完成1个行程，卸压阀就会打开，泵压下降。

（3）何时卸开接头及加压多少个循环行程，取决于倒扣工具以下落鱼管柱的长度。记录好总的加压循环数。

（4）在倒扣时建立扭矩的过程中，每打 1 个循环，泵压会逐渐上升，直到有足够的扭矩克服接头的卸扣扭矩，继续加压直到作为卸压阀打开地面显示压降，完成 1 个完整循环。地面判断完成倒扣的显示是泵压趋低或不起压。

（5）当加压压力降低或不起压并达到所需的循环次数后，上提钻具重力至原悬重加上倒出钻具重力加摩擦重力，以判断倒开与否，如果落物管柱底部不是连通的，要加上管内流体或残留物的附加重力来确定其悬重重力。

（6）倒扣器不可锚定在裸眼内或破损套管内。如需调整管柱时，可在倒扣器下加接反扣钻杆，使倒扣器锚定在完好套管内。

第二章　常见井下作业的压力控制

第一节　射孔作业

一、做好射孔前的防喷工作

（一）射孔前的防喷工作

（1）安装好井口防喷装置，试压合格。

（2）放喷管线按标准接出井场，禁止用软管和弯接头，固定牢靠。

（3）做好抢下油管和抢装井口的准备工作，并保证机具配件清洁、灵活好用。做好现场人员分工，保证各项防喷措施落实到每个环节。

（4）动力设备应运转正常，中途不得熄火。排气管装好防火罩。井场50 m范围内严禁烟火。配齐消防工具和设施，保证其灵活好用。

（5）射孔深度必须准确无误，能够按设计准确地打开目的层。施工时，施工单位地质技术人员必须到现场配合工作，校对好射孔层位和井段数据，以便发现问题及时处理。

（6）负压射孔时，要控制井底负压差值在合理的范围内，防止井底负压差过大导致井喷。

（二）射孔负压值的确定

产层允许的最大负压差与产层附近纯泥岩的声波时差和密度有关。

二、射孔施工中的安全防喷工艺

（一）正压射孔井的防喷

一般采用压井液或清水压井，同时井口装有防喷装置，施工经济、简单，操作方便，射孔时不具备短时间控制高压油气井的防喷能力，适用于一般井液压力与产层压力相近的油井。正压射孔防喷要注意以下4个问题：

（1）合理选择压井液。确定合理的压井液密度，保证射孔后能压住地层，又不会压死产层，做到既能防止井喷，又能保护油气层。控制压井液化学成分与机械杂质，保证压井液不会造成油气孔道堵塞。

（2）强化井口防喷措施。根据产层压力，选好相应的井口防喷装置。施工前，详细检查井口装置并试压，确保射开油气层发生井喷时能够及时关井控制。

（3）加强坐岗观察。射孔期间应有专人观察井口，发现溢流预兆时，应停止射孔作业，根据溢流情况决定是起出射孔枪、抢下油管，还是切断电缆关闭防喷装置。

（4）禁止长时间空井。射孔结束后应迅速下入生产管柱，替喷生产，或者光油管临时管柱循环压井，不允许长时间空井。

（二）过油管负压射孔井的防喷

过油管负压射孔时，地面全套防喷控制系统包括井口密封装置、密封脂打压装置、放喷管线等。

1.过油管负压射孔工艺流程

射孔前，将油管下入井内离产层上部50m处（预置套管短节位置），同时地面安装采油树与井口密封防喷装置。井口还须连接一根通向放喷池的硬管线，管线出口应固定牢固；井内压井液用清水或泡沫替代并进行掏空，使井底形成合理的负压差。

射孔时，准备一部与防喷装置连接的注脂泵车。当仪器、射孔枪通过油管下至目的层引爆射孔后，在负压差作用下，高压油气流通过射孔孔道流向井内，井口采油树上安装的油、套管压力表可以显示井内压力情况。此时可根据压力情况通过注脂泵车打压注入密封脂，以使井口密封防喷装置的密封压力与井内压力达到平衡状态。由于以上施工是在密封情况下进行的，因此可以在井口有压力、放喷时提出电缆、仪器和射孔枪。

2.过油管负压射孔的特点

过油管负压射孔工艺有诱喷作用，在油气流向井筒内时可将射孔弹的残余碎屑及其他杂质从油管带出井筒，清洗油气流通道，消除射孔对产层的污染。

（三）油管输送负压射孔井的防喷

1.油管输送负压射孔工艺流程

油管柱与射孔枪连接并下至射孔层位，其深度由放射性测井曲线及磁定位曲线确定。当油管输送的射孔枪下至目的层位后，井口应装采油树及油、套管压力表。调整套管内成负压状态，打开井口采油树闸门向油管内投棒，撞击枪身头部的起爆器起爆射孔（或在油管、套管间的环空加压引爆枪身头部的压力起爆器引爆射孔）。

2.油管输送负压射孔的特点

与其他射孔工艺相比不需下入电缆，比较彻底地解决了高压油气层射孔的防喷问题。与过油管负压射孔比较，工艺可靠，是解决射孔防喷的理想工艺，现已在我国各油田推广应用。缺点是射孔后枪身留在井内，不能及时检查发射率。

油管输送负压射孔负压差的合理选择是防喷的关键。选择压差时，既要考虑施工的安全性和可靠性，还要防止产层受到损害。所以设计人员应齐全、准确地掌握各项资料，科学合理地选择负压差。

三、射孔作业中的防喷措施与注意事项

（一）施工设计的安全要求

对产层特性要有正确的认识，掌握各项地质资料和工程质量数据，同时

还要掌握邻井的施工资料，这是制定射孔防喷措施的基础。地质部门除在射孔通知单上注明各项技术数据外，还应标明产层流体性质、套管情况、井口状况，做好射孔地层压力预测。

有条件时，可用地层测试仪进行中途测试，在掌握产层特性参数后，正确地选用射孔方式并采取相应的防喷措施。

（二）施工现场的注意事项

（1）对天气的要求：严禁在雷雨、大雾、洪水、沙尘暴和六级以上大风等恶劣天气进行射孔作业。

（2）施工现场的管理：高压井应确保井场条件，能够在指定地点摆放射孔施工及消防车辆，做到既保证施工方便，又不受井喷影响。

（3）对施工设备的要求：设备必须处于良好工作状态，作业机、油脂泵车、消防车、井口防喷器、井场电源都要严格检查，射孔仪的电源必须有接地线，检查合格后方可进行施工。

（4）对特殊高压区施工的控制：在强化注水区及其他特殊井下施工区域，要详细掌握射孔层位的连通性，应在射孔施工前进行有效控制。

（5）对施工单位人员的要求：凡参与射孔施工的人员要掌握有关防喷知识，操作技术要熟练。在射孔施工前，各施工单位要联合制定射孔防喷施工方案，经业务主管部门审批后，方可进行施工。

四、射孔过程中井喷控制方法

（一）射孔过程中异常现象的处理

井喷之前一般井内都会出现异常现象，根据井内出现的现象可以初步判断出井喷的性质，采取处理措施和控制手段。

1.射孔过程中的异常现象

井口油、套压迅速上升就是井喷的预兆。当井口溢出物带有大量油花，而且随着时间的推移流速、流量会增加，这是井喷的前兆。当井口有天然气味道、井口溢出物带有气泡，这就是气体井喷的前兆，气体井喷发生速度一般较快，而且初期还会出现间歇。如果溢出的油花内带有气泡就可能是混合井喷的前兆。

2.射孔施工过程中溢流的处理

如果井口出现溢流就说明井内液柱压力低于地层压力，地层流体开始在压差的作用下进入井内，如果得不到及时有效的控制就有可能引发井喷。在这种情况下，应停止射孔，根据情况决定是起出电缆和枪身还是切断电缆按关井程序关井。

过油管负压射孔后井口有压力显示时，油脂泵车开始打压使井内压力保持平衡，如果井压上升至注脂压力最高可控井口压力时，应立即停止施工。将射孔枪与下井仪器提入防喷管内，先关闭井口再按规定进行拆卸。

（二）发生井喷后的处理措施

一旦发生井喷，就应该停止射孔作业，采取有效措施控制井喷，确保人员、设备安全。

（1）关井程序。当溢流发生后，射孔队应立即起出射孔枪和仪器或切断电缆关闭井口。关井后立即将设备、器材撤离井场，以便实施井控作业。

（2）井场设备控制。一旦发生井喷，立即切断所有电源、火源，所有无关人员、车辆迅速撤离现场，来不及撤离的车辆、设备要切断动力和电路系统防止发生火灾。

（3）井喷失控的处理。井喷失控后要严防着火，切断一切火源。通过四通向井内注水形成润湿喷流，防止造成火灾，并立即启动有关应急预案。

第二节　测试作业

一、选择合适的压井液

（一）对压井液性能的要求

试油试气作业是利用专用设备和方法，对井下油、气、水层进行直接测试，并取得有关地下油、气、水层产能、压力、温度和油气水样物性等资料和有关参数，为最终提交油气储量所有工作的全过程。试油试气作业具有一定的风险性，井控工作显得尤为重要，其要求也要高于一般作业。为保证施工的安全，应选用合适的压井液和液垫。压井液密度应满足液柱压力或井底压力大于地层压力，有害固相含量小于0.1%，黏度适中，性能稳定。

（二）液垫类型的选择

为了形成适当的压差，常在测试阀上部的管柱中加注一些液体或气体作为测试阀打开时对地层的回压，这些液体或气体称为测试垫。测试垫有液垫、气垫、液气混合垫等，常用液垫包括水垫、压井液垫和柴油垫，常用气垫包括N_2垫等。对于高渗透疏松地层，一般选择水垫、N_2垫，控制压差范围为4～6MPa；对于低渗透致密地层，一般选择柴油垫，控制压差范围大于10MPa。

二、施工过程中的防喷措施

（1）井口采油树、防喷装置、管线流程均要选用高压装置，并按《井下作业井控技术规程》（SY/T 6690–2016）要求进行试压合格后才能使用。

（2）井场备足合格的压井液，压井液密度应参考钻井钻穿油气层的资料，储备量为井筒容积的1.5～2倍。

（3）测试流程、热交换器、分离器及其他放喷设施均应固定牢固。

（4）取样操作人员应熟悉流程，正确操作。

（5）测试放喷期间，若井口刺漏，应立即关闭测试阀，打开安全循环阀，然后选用合适密度的压井液进行压井。

（6）把观察环空液面纳入坐岗记录。

三、超高压油气井地面测试技术

（一）概述

近年来，随着勘探开发技术的不断发展，出现了一批超深、超高压、超高温气井，这对地面测试流程装备及工艺提出了更高的要求。超高压油气井地面测试不同于普通井测试，面临着更多、更大的挑战，主要有以下5点：

（1）井口压力高，常规设备难以满足测试需求。

（2）超高压条件下，分离和计量难度大。

（3）放喷测试时，携砂流体对设备冲蚀严重。

（4）人员在超高压环境下操作，作业风险高。

（5）大产量高压气井易形成水合物导致冰堵，增加了测试风险。

因此，在进行超高压油气井地面测试设计时，不仅要考虑设备承压能力，满足超高压测试的要求，更要从工艺上对测试流程进行改进和完善，最大限度地减少或消除工艺安全带来的测试风险。

（二）地面流程的组成

（1）放喷排液流程：采油（气）树→除砂设备（除砂器等）→排污管汇→放喷池。放喷排液流程主要用于油气井测试计量前的放喷排液及液体回收。流程保证含砂流体经过的设备尽可能少，并配备了除砂器和动力油嘴等，能够最大程度地保护其他测试设备不受冲蚀。此外，两条排液管线分别独立安装和使用，且均配备有固定油嘴和可调油嘴，可相互倒换使用。

主要设备：地面安全阀（Surface Safety Valve，SSV）及ESD（Electro-Static

discharge，静电释放）控制系统、旋流除砂器、主排污管汇、副排污管汇、远程控制动力油嘴。

（2）测试计量流程：采油（气）树→除砂设备（除砂器等）→油嘴管汇→热交换器→三相分离器→气路出口→燃烧池（或水路出口→常压水计量罐或油路出口→计量区各种储油罐）。测试计量流程主要用于油气井的测试计量。流程配备了完善的在线除砂设备、精确计量设备、主动安全设备以及防冻保温设备，大大提高了测试精度及作业安全。

主要设备：地面安全阀（SSV）及ESD控制系统、旋流除砂器、双油嘴管汇、多点感应压力释放阀（Main Steam Relief Valve，MSRV）、热交换器、三相分离器、丹尼尔流量计、计量罐、化学注入泵、电伴热带、远程点火装置。

（3）超高压油气井地面测试除具备常规地面测试流程的测试功能（放喷排液、计量、测试、数据采集、取样、返排液回收等）和安全功能（紧急关井、紧急泄压等）外，还有如下特点：

①超高压流体的有效控制；

②流程除砂、抗冲蚀能力强，具备连续除砂和排液能力；

③油、气、水的精细分离和产量精确计量；

④安全控制技术完善，智能化程度高，超高压区域大量采用远程控制技术，减少操作人员的安全风险；

⑤测试流程满足多种工序施工要求；

⑥防冻、保温性能优良。

（三）控制系统介绍

1.控制系统的组成

（1）系统主要由气体及液压动力回路、控制阀组和辅助设备组成。

（2）气体及液压动力回路主要由减压阀、单向阀、过滤器、球阀、气动泵、压力表、易熔塞和蓄能器等部件组成。

（3）气体回路采用纯净干燥的压缩空气，主要用于驱动气动液体增压泵的启停、调节气动增压泵的输出压力、紧急关断和易熔塞关断回路等。液压动力采用气动液体增压泵和蓄能器联合供油。

（4）控制阀组主要由中继阀、溢流阀、三位四通阀、单向阀和球阀等部件组成，用于控制5个平板闸阀和2个安全阀的动作。

（5）辅助设备主要由机柜、油箱、吸油过滤器、液位计、气体管路和液体管路等部件组成。

2.控制系统的结构原理

液压油通过气动液泵进行增压，气动液泵的动力为低压空气。气动液泵输出压力的大小受驱动气压力大小控制，可以进行无级调节。通过控制液压油到闸板阀和安全阀的通断实现对每个阀门的开关，紧急关断按钮和易熔塞可确保紧急情况下停泵，关闭安全阀，保证生产安全。

（1）气源流程：气源通过过滤和减压后分为3路：一路作为执行器控制阀组的先导气源，控制各类阀的开启和关闭；一路控制系统先导回路压力，紧急情况下可以实现停泵和关闭安全阀；一路为气动泵提供动力，实现高压油的输出。

（2）液压油流程：油箱内液压油经过过滤后进入气动泵实现增压，一部分能量蓄积在蓄能器组中，高压液压油分为两路，分别进入闸板阀控制阀组回路和安全阀控制阀组回路；主回路上安装有安全溢流阀，保证所有阀的液控压力在设定压力范围内工作，同时也起到保护管线和阀的作用，以实现装置的安全保护。采用2台20L蓄能器并联，充气压力为8.9MPa，最大工作压力为35MPa。主要作用是提供大流量、稳定供油压力、作为应急油源，满足5只阀同时开关和安全阀的打开。系统工作时，要把蓄能器开关阀打开。

（3）液动平板阀控制原理：通过调节三位四通阀的不同位置机能，将高压液压油输送到闸板阀的上液压缸或下液压缸，从而实现闸板阀的开启或关闭动作。在单向阀的作用下，当未进行开关动作时，闸板阀将稳定在设定位置。

（4）液动可调节流阀控制原理：通过调节阀控制通往节流阀执行机构的液压油的流量，可以控制节流阀在开启或关闭过程中的开关速度，从而进行不同开度的调节。

（5）安全阀控制原理：通过向安全阀内输入高压液压油或对液压油泄压，实现安全阀的打开和关闭，保证作业安全。

（6）安全附件功能：控制柜装有紧急关断阀，一旦紧急关断阀拍下，系统停止供油并降压，同时将安全阀关闭。

（7）易熔塞防火关断功能：当发生火灾时，环境温度迅速上升至易熔塞的熔化温度，使易熔塞熔化并释放紧急关断阀门的控制气源和泵的驱动气源，实现停泵关阀。

（四）三相分离器

1.结构

测试用油气水三相分离器主要由以下8个部分组成：

（1）分离器容器及内部元件。

（2）流体进口管路。

（3）气路控制和计量系统。

（4）油路控制和计量系统。

（5）水路控制和计量系统。

（6）安全系统。

（7）控制系统及气源供给系统。

（8）进出口旁通管汇。

2.工作原理

地层流体进入三相分离器后，首先碰到折射板，使流体的冲击量突然改变，流体被粉碎，液体与气体得到初步分离，气体从液体中逸出并上升，液体下沉至容器下部，但仍有一部分未被分离出的液滴被气体夹带着向前进入整流板内，在整流板内其动能再次降低而得到进一步分离。由于通过整流板之后，气体的流速可提高近40%，气体中夹带的液滴以高速与板壁相撞，使其聚结效率大大提高，于是聚结的液滴便在重力作用下降到收集液体的容器底部，液体收集部分为液体中所携带的气体从油中逸出提供了必要的滞留时间。

夹带大量液滴的气体通过整流板进一步分离后，夹带有小部分液滴的气体在排出容器之前，还要经过消泡器和除雾器。消泡器可使夹带在气体中的液滴重新聚结落下，从而使气体净化；气体出口处的除雾器同样起到了使夹带在气体中更微小不易分离出的液滴与其发生碰撞而聚结沉降下来的作用。因此，气体通过这两个部件后，便可得到更进一步的净化，使其成为干气，然后从出气口排出。排气管线上设有一个气控阀来控制气体排放量，以维持容器内所需的压力。

分离器内的积液部分使液体在容器内有足够的停留时间，一般油与水的相对密度为0.75：1，油水之间分离所需停留时间为1～2min。在重力作用下，由于油、水的相对密度差，自由水沉到容器底部，油浮到上面，以便使油和乳状液在其顶部形成一个较纯净的“油垫”层。

浮子式油水界面调控器保持水面稳定。随着“油垫”增高，当油液面高于堰板时，溢过堰板流入油室，油室内的油面由浮子式液面调控器控制，该调控器可通过操纵排油阀控制原油排放量，以保持油面的稳定。分离出的游离水从容器底部油挡板上游的出水口通过油水界面调控器操纵的排水阀排出，以保持油水界面的稳定。

四、页岩气丛式井地面返排测试技术

丛式井地面返排测试技术是石油勘探开发的一个重要组成部分，是认识页岩气区块，验证地震、测井、录井等资料准确性的最直接、有效的手段。通过丛式井地面返排测试技术可以得到油气层的压力、温度等动态数据，同时可以计量出产层的气、水产量，测取流体黏度、成分等各项资料，了解油层、气层的产能，采气指数等数据，为油田开发提供可靠的依据。丛式井地面测试技术是整个测试过程中的一个重要部分，通过地面返排测试设备，可以记录井口压力、温度，测量相对密度及天然气、水产量数据，对流体性质作出分析。因此搞好丛式井地面返排测试，取全、取准测试资料，对油田的勘探开发有着重要的意义。

（一）地面流程的组成

常规地面测试作业通常是一口井配一套地面流程设备，以完成井筒流体降压、保温、分离、计量测试等作业，但是在进行如页岩气等非常规气藏的丛式井组的地面测试作业时，将面临如下难题。

（1）由于非常规气藏特殊的井下作业及储层改造措施，地面流程还需要具备捕屑、除砂、连续排液等更多的功能，所需地面流程设备较常规地面流程更多。

（2）若仍然按照一口井配一套流程作业，不仅该丛式井场没有足够的空间摆放地面设备，同时也大大增加了作业成本，降低了丛式井组开发效率。

（3）丛式井组的完井试油作业往往涉及多工序同时交叉作业，怎样确保地面测试作业的安全顺利进行成为难题。

因此，丛式井组的地面流程设计的总体原则就是以模块化地面测试技术为依据，减少地面流程的使用套数，同时能满足多口井同时作业，满足多口井不同工况作业的同时进行。目前，大多数丛式井场普遍为6口井。现将丛式井组的地面测试流程大致划分为井口并联模块、捕屑除砂模块、降压分流模块和分离计量模块，提出了利用多流程井口并联模块化布局，以解决整个丛式井组的地面测试需求。

（二）关键设备

1.105MPa捕屑器

（1）结构组成：捕屑器由捕屑器本体、滤管、相应的阀门与变径法兰等构成。捕屑器本体主要采用180–105法兰管线，滤管装于捕屑器本体之内，常用的滤管直径为3mm、4mm、5mm和8mm。

（2）作业原理：105MPa捕屑器主要在页岩气等非常规气藏钻桥塞或水泥塞作业中担任捕屑角色，安装在流程最前端。从井筒返出的携砂流体首先进入滤筒内部，通过内置滤筒拦截钻塞过程中井筒流体带出的桥塞等碎屑，经滤筒过滤后的流体再从侧面流出，碎屑被滤筒挡在其内部，从而实现碎屑和流体的分离，避免桥塞碎屑等固体颗粒大量进入下游，能有效地防止流程油嘴被堵塞或节流阀被刺坏，保障作业过程中流程设备和管线的安全，保证作业的连续性。

2.105MPa旋流除砂器

（1）结构组成：105MPa旋流除砂器由旋流除砂筒、集砂罐、管路、阀门、除砂器框架和仪表管路6部分组成。

（2）作业原理：旋流除砂器是一种配合地面测试使用的设备，适用于压裂后洗井排砂和出砂地层的测试或生产。除砂器能安全地除掉大型压裂的压裂砂，过滤并计量地层出砂量，有效地减少对下游地面设备的损坏。

105MPa旋流除砂器是通过在超高压除砂罐内设置旋流筒，将井流切向引入旋流筒内，产生组合螺线涡运动，利用井流各相介质密度差，在离心力作用下实现分离。旋流除砂器设有超高压集砂罐，在集砂罐上设置了自动排砂系统，利用除砂器砂筒内部压力可将罐内的积砂快速排出，实现密闭排放。

3.105MPa远程控制抗冲蚀节流阀

（1）结构组成：105MPa远程控制抗冲蚀节流阀系统主要由两大部分组成：抗冲蚀节流阀阀体和远程液压控制装置。抗冲蚀节流阀阀体是节流控压的主要部件，而远程液压控制装置主要用于远距离控制抗冲蚀节流阀的开关。

抗冲蚀节流阀系统具体组成包括刻度指示标尺、动力总成、油嘴总成、油嘴本体、防磨护套、入口法兰短节、出口法兰短节和远程液压控制系统。该装置安装在地面流程设备的前端管线或管汇中，在页岩气井返排流程中，主要安装于排砂管线上。其中动力总成主要由液压马达、蜗轮、蜗杆、壳体组成，壳体通过螺栓与油嘴本体连接，液压马达由远程液压控制系统驱动；油嘴总成主要由油嘴、油嘴套、油嘴阀座、连接杆等组成。油嘴总成安装在油嘴本体内，动力总成通过蜗轮心部的螺杆与油嘴总成中的连接杆相连，刻度指示标尺与动力总成的螺杆相连。进口法兰短节和出口法兰短节分别连接于油嘴本体的上下游，防磨护套安装于出口法兰短节内。

（2）作业原理：流程上游流体通过入口法兰短节进入油嘴装置，通过油嘴与油嘴阀座之间的环形间隙后流经出口法兰至下游。油嘴与油嘴阀座之间的间隙通过动力总成来调节，动力总成与远程液压控制系统相连，通过远程液压控制系统带动动力总成液压马达工作，驱动蜗杆蜗轮并带动螺杆前进与后退。由于螺杆与油嘴连接杆相接，从而螺杆的运动将带动油嘴连接杆和油嘴的前后运动，达到增加或减少油嘴与油嘴阀座之间间隙的目的，实现节流开度的任意调节。节流开度可以通过刻度指示标尺进行观察，也可通过在蜗杆后端安装位置指示传感器，在液压控制面板上直接显示节流开度的大小。

抗冲蚀节流阀控制系统配有蓄能器和手动增压泵，采用气体驱动方式，以压缩空气为驱动气源（100psi），通过输出的高压油控制油嘴的开启或关闭，油嘴的开启度实时显示在控制面板的数显仪表上；面板上可以手动操作手动控制阀开大或关小油嘴，同时可以监控阀前或者阀后压力（两路）。通过调节速度调节阀可以控制抗冲蚀节流阀的开关速度。控制面板共有两路循环压力通路，因此可以同时控制两个抗冲蚀节流阀进行开关工作。液压系统采用气动增压泵供液，同时备有1台手动泵，当气泵出现故障或低压气源中断时，通过备用手动泵也能保证系统的应急工作。液压控制回路能够实现自动补压功能和超压自动排放功能，控制柜系统适应现场的全天候、连续运行和操作。

第三节 压裂（酸压）作业

一、施工设计的安全要求

（一）压裂施工井场的布置

（1）对井场道路及电力线路的要求：压裂酸化施工井场要根据施工规模统一规划。施工车辆停放的位置距井口最少保持10m距离。施工区应平整并保持一定坡度，不存积水，车辆进出方便。所有电路应远离施工车辆和配液罐。

（2）井场布局：所有配液罐、施工车辆应摆放在井口的上风方向。排污池设在井口下风方向20m以外。放喷管线用硬管线，分段固定，两点之间距离不能大于10m。出口不能接90° 弯头。气井放喷管线和井口流程管线要分开，通过闸门控制从任意一条管线放喷。天然气井出口点火位置应处于距井口50m以外的下风方向。

（二）井口装置的安全要求

（1）井口装置的选择与试压：井口装置额定工作压力应大于酸化压裂设计的最高施工压力。油井按水密试压标准进行试压，气井按照气密试压标准进行试压。

（2）套管短节的检验与安装：压裂井所用套管短节材质与井内套管相同。上扣前涂抹丝扣密封脂，按规定扭矩上紧扣。

（三）施工压力的确定

（1）施工最高压力的选定：最高压力要小于套管最薄弱段抗内压强度的80%。如果满足不了施工要求，在工艺上要采取保护套管的措施，避开薄弱段，以防止压坏套管。

（2）套管平衡压力的确定：对下封隔器的井，尤其是对下封隔器保护套管的井，打平衡是非常重要的，可防止施工压力超过封隔器胶皮强度，将胶皮压爆；在水力锚不起作用的时候，防止封隔器上下移动而拉破胶皮，顶弯油管，使套管压力相对均衡，从而保护套管。另外，要防止套管平衡压力过大将封隔器胶皮压回，失去堵塞能力。

二、施工设备的安全保障

（1）高压管汇系统和压裂泵需定期进行检查及检测，及时排除安全隐患。

（2）施工压力显示系统应定期标定，与标准压力的误差应在 −2% ~ +2%。

（3）超压保护装置灵敏可靠。

（4）在压裂（酸化）地面管汇中，每台车上的每条出口管线都应配有单流阀。

（5）动力设备配备紧急熄火装置。

（6）配齐气防设施，大型施工、高产油气井和在施工中认为应该重点防护的井，还应加配消防车在现场值班。

三、施工前管线、井口装置的试压

（1）施工前管线试压，压力应大于施工最高压力的1.2～1.5倍，稳压5min无压降。

（2）井口装置试压按其到额定工作压力试压合格，若井口装置压力级别高，其试压压力不小于压裂设计最高泵压、预测最高关井井口压力的最高值。

（3）放喷管线按设计要求试压。

四、压裂作业井控要求

（1）必须放喷的情况下，放喷前应查看放喷管线出口下方，杜绝火源，人员离开。

（2）放喷管线不允许带90°弯头，油管、套管不允许同时放喷。

（3）放喷时要控制压力，控制油管、套管压力的最大差值小于油管、套管最小抗内压强度的50%，以保护油管和套管。同时控制一定压差防止地层出砂。

（4）放喷管线应接双翼，每翼接高压油嘴套，通过高压油嘴控制放喷，禁止使用井口阀门节流。

（5）放喷中出现异常情况时，应先关闭出现异常段的上游阀门，再去处理。

如果条件许可，应采取循环洗井放喷的方法，尽快将井筒洗通，将沉砂冲出，防止砂卡。

五、水力喷射分段压裂技术

水力喷射分段压裂技术以其可定向喷射、准确造缝、一趟管柱可进行多段压裂、施工周期短、储层伤害小、施工安全和适用范围广等优点，在水平井改造过程中具有很大的优势。近几年，该技术在国内应用已经非常成熟，且效果显著，成为国内水平井改造的基本技术。

（一）技术原理

水力喷射分段压裂技术是根据伯努利方程原理，将压能转变为动能，射流增压与环空压力叠加超过岩石破裂压力并维持裂缝延伸。该技术是集射孔、压裂、隔离一体化的增产改造技术，适用于低渗透油藏直井、水平井的增产改造，是低渗透油藏压裂增产的一种有效方法。

1.水力喷砂射孔原理

水力喷砂射孔是将流体通过喷射工具，将高压能量转换成动能，产生高速射流冲击（或切割）套管或岩石形成一定直径和深度的射孔孔眼。为了达到好的射孔效果，在流体中加入石英砂或陶粒等。将喷射工具安装于管柱最下端，油管泵注高压流体通过喷嘴喷射出的高速射流射穿套管，形成喷射孔道。高速流体的冲击作用在水力射孔孔道顶端产生微裂缝，能在一定程度上降低地层起裂压力，对下步起裂、延伸具有一定的增效作用。

2.水力喷射压裂裂缝起裂、延伸机理

关闭环空，在油管和环空内分别泵入流体。油管流体经喷射工具射流继续进入射孔孔道，射流继续作用在喷射通道中形成增压。向环空中泵入流体增加环空压力，喷射流体增压和环空压力的叠加超过地层破裂压力瞬间，将射孔孔眼顶端处地层压破。保持孔内压力不低于裂缝延伸压力，同时在喷射外将形成相对负压区，环空流体被高速射流带进射孔通道，从而持续保持孔内压力，使裂缝得以充分扩展。

3.水力封隔分段原理

由于射孔孔眼内增压和环空负压区的作用，环空压力将低于地层裂缝的延伸压力，也低于其他位置地层的破裂压力，从而在水力喷射压裂过程中，流体只会进入当前裂缝，不会压开其他裂缝，这样就达到了水力动态封隔的目的。

（二）技术特点

（1）能够自动隔离，可用于裸眼、套管完井。

（2）一次管柱可进行多段压裂，施工周期短，有利于降低储层伤害。

（3）可进行定向喷射压裂，准确造缝。

（4）喷射压裂可以有效降低地层破裂压力，保证高破裂压力地层的压开和压裂施工。

（5）该工艺压井次数少，对储层伤害小，而且施工程序简单。

（三）储层改造工艺

水力喷射分段压裂技术在工艺实施上应用最广泛的有两类：一类为不动管柱水力喷射分段压裂工艺，一类为带底封拖动水力喷射分段压裂工艺。

1.不动管柱水力喷射分段压裂工艺

不动管柱水力喷射分段压裂工艺结合了水力喷射技术和滑套多层压裂的优点，是在常规水力喷射压裂和投球滑套压裂技术上发展起来的一种分段压裂技术。根据储层分段压裂级数设计要求，采用多套喷枪组合并配套滑套开关，组配管柱并下入设计位置。压裂时不需移动喷射管柱，在完成第一段喷砂射孔、压裂施工后，油管持续注液，控制环空压力，通过油管投球打开第二段的滑套并进行喷砂射孔、压裂施工，依次完成不动管柱多段分段压裂施工。

（1）一趟管柱完成水力喷砂射孔压裂，简化了工艺程序，节省了施工时间，提高了作业效率。

（2）利用水动力学原理进行分层封隔，不需要机械封隔工具，减少作业风险和施工成本。

（3）滑套式喷射器整体密封性良好，滑套开关可靠，实现分层改造，合层开采。

不动管柱水力喷射分段压裂管串由丢手、扶正器、滑套式喷射器、单流阀、筛管、引鞋构成。

（4）工艺关键点如下：

①滑套式喷射器设计。为增加分段压裂段数，采用了先进的小级差滑套设计，并优化喷嘴结构，选取碳化钨作为喷嘴材质，实现投球开启滑套并进行喷砂射孔、压裂施工。

②工具准确下入。为了确保喷砂射孔的顺利实施，按方案设计组配管串并准确丈量入井管柱，确保工具下入设计位置。

③喷枪喷嘴优化。根据方案设计调整喷嘴个数和大小，在井口承压条件下，使喷嘴降压既能实施水力喷砂射孔、压裂所需的最低压降值，又能够达到最高的施工排量。

④环空压力控制。环空压力以不超过套管限压为原则，同时能够满足水力喷射压裂环空补液需要。

（5）基本工艺过程如下：

①通井、洗井等井筒准备。

②组配管柱，工具入井。

③投球打开第一级滑套。

④水力喷砂射孔作业。

⑤油管加砂压裂。

⑥依次投球打开滑套完成其余段的压裂作业。

2.带底封拖动水力喷射分段压裂工艺

（1）工艺原理：利用水力喷枪进行单簇或多簇水力喷砂射孔，用底封隔器对已施工层进行封隔，油管内和油套环空同时注入压裂。当目的层压裂施工完毕后，通过控制放喷释放地层压力（或者带压拖动管柱），调整管柱位置至下一施工段继续水力喷砂射孔、油套同注压裂施工，进而实现自下而上逐段连续压裂施工。

（2）工艺特点如下：

①能进行定点水力喷砂射孔，压裂改造针对性强。

②用底部封隔器封隔，可验封，分段可靠。

③可进行大规模体积压裂，水平井分段级数不限。

④压裂发生砂堵时可及时用原管柱处理，能有效缩短砂堵处理时间。

⑤施工作业速度相对较快，压后井筒全通径，利于后期综合治理。

⑥入井一趟作业管柱可满足10段以上压裂施工需求。

（3）管串结构：带底封拖动水力喷射分段压裂管串由安全接头、喷射器、单流阀、高强度底封隔器构成。

（4）工艺关键点如下：

①高强度底封隔器。该封隔器采用高强度压缩式胶筒，可实现多次重复坐封。同时设计单流阀和反循环阀结构，管柱砂卡风险低。

②耐冲蚀喷枪。采用进口硬质合金内孔涂层防护喷嘴，提高喷嘴的硬度，进而提高喷嘴过砂能力。同时对喷枪本体的表面进行硬化处理，减小砂液反溅冲蚀伤害，延长喷枪使用寿命。

（5）基本工艺过程如下：

①通井、洗井等井筒准备。

②组配管柱，工具入井。

③坐封封隔器，验封。

④水力喷砂射孔作业。

⑤油管伴注，环空加砂体积压裂，或环空伴注，油管加砂压裂。

⑥上提管柱，解封封隔器，调整钻具至下一施工段，再次坐封封隔器。

⑦下一层喷射射孔、压裂。依次完成其余段作业。

六、裸眼封隔器分段压裂技术

裸眼封隔器分段压裂技术能够实现有效的机械分隔、一趟管柱完成连续压裂，压后管柱作为完井管柱快速返排并投入生产，不仅节约时间和成本，而且工艺成熟，在低孔、低渗透、低压油气藏的水平井增产改造中应用广泛。

（一）工艺原理

依据水平井水平裸眼段长度及分层改造需要，采用多个裸眼封隔器对水平井裸眼段进行机械封隔，同时将多级投球滑套分布在压裂起裂位置便于造缝。压裂施工开始，首先通过油管注入压裂液打开第一段压差滑套，然后压裂介质从滑套喷射孔进入地层进行压裂施工。第一段压裂施工完成后，从小到大依次投球打开对应滑套，并依次完成不同层段压裂施工，压后合层排液、投产。该技术适用于多类油气井的增产改造。由于滑套不能重复开关，压后井筒完整性差，不适用于压后生产测试或其他需要重复作业的油气井。

（二）工艺特点

（1）采用尾管悬挂器＋裸眼封隔器＋滑套，实现水平井选择性地分段、隔离。

（2）工具一次入井，分段压裂连续完成，施工效率高。

（3）不固井、不射孔，节约作业成本。

（三）管串结构

裸眼封隔器分段压裂管串由回接筒、悬挂封隔器、投球滑套、裸眼封隔器、压差滑套、球座、引鞋构成。

（四）工艺关键点

（1）管柱的安全下入：管柱下入前需做好井筒准备工作，首先用套管刮管器刮管，确保悬挂封隔器坐封井段密封良好；其次用钻杆通井，该工序应充分调整钻井液性能，若遇阻卡，则划眼、活动钻具直至井眼通畅；最后用模拟管串通井，该工序是关键，模拟管串原则上不能划眼转动，因为入井封隔器不能转动，现场作业证明模拟通井能顺利到达井底，则下封隔器就不会出现卡钻复杂。

（2）裸眼段地层的有效封隔：由于该工艺可在水平井裸眼段进行分段压裂，与套管井相比，裸眼井段工况比较恶劣，对裸眼段地层的封隔不能选用封隔套管的压缩式胶筒，应选择适合地层的胶筒进行封隔。

（五）基本工艺过程

（1）通井规通套管、刮管器刮管、钻头和钻杆通水平段等井筒准备工作。

（2）用钻杆把完井管柱送入井内预定位置。

（3）顶替井筒内钻井液、坐封封隔器、丢手。

（4）起出钻杆。

（5）下油管和回接接头，回接管柱。

（6）投球打开压差滑套，形成第一段压裂通道。

（7）加砂压裂。

（8）依次投球开启滑套，完成后续压裂施工。

七、水力泵送桥塞分段压裂技术

水力泵送桥塞技术作为一项新兴的水平井改造技术，近年来在国外页岩气藏和致密气藏开发中得到广泛应用。该技术封隔可靠，分段压裂级数更多，裂缝布放位置精准，施工排量可达8～15m^3/min，施工压力低，压后无须返排，且桥塞压裂技术适应性好，可实现无限级压裂。因此，该技术在国内发展迅速，各大油田均有应用。

（一）工艺原理

水力泵送桥塞分段压裂技术是指在井筒和地层有效沟通的前提下，运用电缆输送方式，按照泵送设计程序，将射孔管串和桥塞输送至目的层，完成坐封和多簇射孔联作，后期通过光套管进行分段压裂。首段施工时，采用连续管或常规油管传输射孔后，进行光套管压裂作业。目前应用的桥塞主要可分为3类：速钻复合桥塞、大通径桥塞和可溶桥塞。

（二）工艺特点

（1）通过分簇射孔实现定点、多点起裂，裂缝位置精准，易形成更多的缝网改造体积。

（2）桥塞与射孔联作，带压作业，施工快捷，井筒隔离可靠性高。

（3）压后井筒全通径，井筒完整程度高。

（4）压裂段数不受限制。

（5）压裂通道大，能实施大规模压裂施工。

（三）管串结构

1.桥射联作工具串

桥塞＋射孔联作工具串组成包含电缆绳帽＋CCL＋转换接头＋射孔枪＋隔离短节＋滚轮短节＋坐封工具＋推筒＋桥塞。

2.桥塞结构

（1）速钻复合桥塞主要由上接头、可钻卡瓦、复合锥体、复合片、组合胶筒及下接头等部件组成。后期生产时需要运用连续管或油管进行钻磨桥塞作业。

（2）大通径桥塞主要由上接头、复合片、组合胶筒、锥体、卡瓦和下接头等部件组成。具有免除钻磨作业、保持井眼大通径、迅速投产等优点，降低了现场施工风险，节约了成本。

（3）全可溶性桥塞主要由上、下接头，上、下卡瓦，上、下锥体，胶筒及卡瓦牙等部件组成。压裂完成后，可溶桥塞全部溶解，随返排液一同排出井筒。该工艺桥塞溶解后保持井眼全通径，免除钻磨桥塞作业，节约完井时间及成本。

（四）基本工艺过程

（1）通井时保证井筒内干净。

（2）使用连续管或常规油管传输射孔枪进行第一段射孔。

（3）取出射孔枪，光套管注入进行第一段压裂。

（4）电缆作业下入射孔枪及桥塞至入窗点，开泵泵送桥塞至水平段设计位置。

（5）点火坐封桥塞，上提射孔枪至设计位置射孔。

（6）起出射孔枪及桥塞下入工具。

（7）光套管注入进行压裂作业（投球式桥塞需要先投球，将已施工段隔离）。

（8）重复步骤（4）—（8），完成后续段的压裂改造。

（9）分段压裂结束，大通径桥塞或可溶桥塞直接排液、投产；速钻复合桥塞需要采用连续管（或常规油管）钻除桥塞后进行排液、投产。

（五）工艺关键点

1.泵送桥塞关键点

根据井眼轨迹及桥射联作工具串，对泵送排量、管串通过能力、井口防喷装置夹持力等参数进行模拟计算，在实际作业中合理控制泵送排量和电缆下入速度，保证电缆和工具串受力在安全范围内，避免泵送桥塞过程中发生电缆断裂、缠绕和工具遇卡，造成工程复杂。

每次压裂完成后，即刻进行泵送桥塞作业，避免因井筒内沉砂过多产生泵送风险。如因特殊原因未能立刻进行泵送作业时，等候时间超过8h，应大排量冲洗井筒，再进行泵送作业。

2.速钻桥塞磨铣作业关键点

磨铣作业时，缓慢下放连续管或油管，精确控制钻磨排量和钻压，避免憋泵和空转，提高磨铣效率。根据放喷出口磨屑返出情况，适时将磨铣工具提至入窗点以上，采用高黏液大排量冲洗，充分循环，将磨铣物返出地面；磨铣作业时做好坐岗观察，认真观察放喷口出液情况，避免井漏造成磨铣工具卡钻；磨铣过程中可根据实际情况进行强磁打捞，清洗井筒内的金属碎屑。

八、双封单卡分段压裂工艺

（一）工艺原理

双封单卡分段压裂技术是利用双封隔器跨卡封隔施工层段，通过液压节流或机械加压实现封隔器坐封，油管内加砂由导压喷砂器进入施工地层完成压裂，压后反循环洗井冲砂后上提管柱压裂上一层段，实现一趟管柱多个层段的压裂。

（二）工艺特点

（1）对于多段射孔的老井，采用双封隔器封隔目的层，可实现任意层段的选压。

（2）一趟管柱能完成多段压裂，最多可完成15段，能显著降低施工成本。

（3）工艺管柱具有反洗功能，卡钻风险低。

（4）YK组合式双封单卡工具下封集成设计了压差平衡机构，有效避免了“负压卡钻”。

（5）YK双封单卡管柱双向锚定，施工安全可靠。

（三）基本工艺过程

（1）通井、刮削等井筒准备。

（2）射孔，如果是水平井段重复改造，直接进入工序。

（3）组配工具管串，匀速下钻。

（4）坐封封隔器，压裂施工。

（5）控制放喷，降低井口压力后，反循环冲洗，将钻具调整到下一个施工段；或者采用带压拖动管柱作业方式，将钻具调整到下一个施工段。

（6）第二段压裂施工。

（7）重复（4）—（6）工序，直到压完所有目的层段，然后起出压裂管柱。

（四）工艺关键点

（1）地层亏空预处理。在施工作业前若地层有明显亏空迹象，则应采用灌井筒方式对地层充分补能，同时可优选YK组合式双封单卡工具进行改造施工，避免发生“负压卡钻”。

（2）井筒处理。在工具入井前，应用专用套管刮削器进行井筒清理作业，清除井筒杂物和射孔段炮眼毛刺，确保双封单卡工具顺利入井。

（3）封隔器坐封。施工中根据选用的不同工具串，采取上提下放或油管打压方式确保封隔器有效坐封。若压裂时环空出现返液，可上提管柱至直井段，正确坐封封隔器后管内憋压，判断封隔器是否完好。

（4）封隔器解封。施工结束后，应充分循环井筒，确保井筒内无沉砂，解封封隔器，起出管柱。若起钻中途遇卡，则持续循环井筒，同时在安全拉力范围内活动管柱进行解卡。

第四节　冲砂、防砂作业

一、冲砂作业的防喷措施

冲砂是指向井内高速注入液体，靠水力作用将井底沉砂冲散，利用液流循环上返的携带能力将冲散的砂带到地面。冲砂作业要使用符合设计要求的修（压）井液。按设计安装好防喷器并试压合格。

（一）冲砂前的准备

（1）当探砂面管柱具备冲砂条件时，可以用探砂面管柱直接冲砂；如探砂面管柱不具备冲砂条件，须下入冲砂管柱冲砂。

（2）水龙带要用保险绳绑在大钩上，以免冲砂时水龙带在水击振动下卸扣伤人。

（3）施工前规范安装防喷器。

（二）冲砂作业的防喷措施

（1）当管柱下到砂面以上3m时开泵循环，观察出口排量正常后缓慢下放管柱冲砂。冲砂时要尽量提高排量，保证足够的携砂能力。

（2）冲至井底深度后，上提管柱1～2m，用清水大排量循环两周。

（3）冲砂施工中如果发现严重漏失，冲砂液不能返出地面时，应立即停止冲砂，将管柱提至原始砂面10m以上，并反复活动管柱。

（4）高压自喷井冲砂要控制出口排量，应保持进出口排量平衡，防止井喷。冲开被埋的油、气、水层时，要控制出口排量，其排量应与进口排量相平衡。当发现出口排量大于进口排量时，应分析原因后采取措施，再继续冲砂作业。

（5）采用气化液冲砂时，压风机出口与水泥车之间要安装单流阀，出口管线必须用硬管线并固定。

（6）各岗位要密切配合，根据泵压、出口排量来控制管柱下放速度。设备发生故障时必须保持正常循环，停泵处理时应将管柱上提至原始砂面10m以上，并反复活动管柱。

二、防砂作业的防喷措施

胶结疏松地层中的流体常会把地层中的砂粒带入井筒。防砂就是控制井壁处“承载骨架砂”，保证地层稳定。防砂分为机械防砂和化学防砂两大类。

（一）防砂作业

机械防砂分管柱防砂和充填防砂。充填防砂又分裸眼井砾石充填和套管砾石充填防砂。机械防砂会涉及起下管柱、冲洗循环、砾石填充等作业程序。

化学防砂分人工胶结地层和人造井壁两种。前者向地层注入各类树脂或各种化学固砂剂，直接将地层固结；后者把具有特殊性能的水泥、树脂、预涂层砾石、水带干灰砂或化学剂挤入井筒周围地层中，形成一层既坚固又有一定渗透性和强度的人工井壁。化学防砂会涉及起下管柱、冲洗循环等作业程序。

（二）防砂作业的防喷措施

（1）施工现场应按设计和有关规定配备好防火、防爆及防喷的专用工具及器材，并保证灵活好用。

（2）地面与井口连接管线和高压管汇必须试压合格，有可靠的加固措施。

（3）应根据地层压力情况选用不同密度的压井液压井。

第五节　检泵作业

一、检泵作业

抽油泵受各种不利因素（如砂卡、气锁等）的影响，造成泵效下降甚至停产，或者需要调整泵的工作参数，这种消除故障或者调整泵的工作参数而进行的作业称为检泵。

二、检泵作业的井喷预防措施

检泵作业应做好以下井控工作：

（1）必须装好防喷装置，按规定试压合格，保证灵活好用、安全可靠。

（2）对具有自喷能力的井，起下管柱过程中要保证井内液面高度，随时观察井口油、气显示的变化，发现溢流，立刻采取有效措施。

（3）按照起下管柱操作规程平稳、匀速操作，防止产生过大的波动压力。

（4）起带有封隔器的管柱前，应先解封，待胶皮收缩后再上提管柱，严禁强行上起。

（5）起下带有大直径工具的管柱应控制起下速度，防止压力激动或抽汲作用导致井喷。

（6）起下管柱时，应及时向井内灌入压井液，防漏防喷。

第六节　钻塞及打捞作业

一、钻塞作业的防喷措施

（一）钻塞作业

钻塞作业是将注水泥或打水泥塞后留在套管或井眼内的水泥塞、桥塞等钻扫掉。下返回采、封串、堵漏、堵层、二次固井等许多施工都需要钻水泥塞。

（二）钻塞作业的防喷措施

在钻塞过程中应采取以下防喷措施：

（1）井口应装防喷器，做好防喷及压井工作；地面高压管线水密封试压值应大于预计施工压力的1.2倍。

（2）井口第一根管柱上装旋塞阀。

（3）钻磨水泥塞、桥塞、封隔器，套铣被卡、落鱼等施工作业，压井液密度符合工程设计要求。

（4）钻高压层封闭塞时，井口安装防顶装置。

（5）钻磨、套铣作业起管柱前，应循环压井液不少于一周半，且压井液进出口密度差小于或等于0.02g/cm^3。

（6）发现异常时，停泵，关井，观察。

二、打捞作业的井喷预防措施

（一）打捞作业

打捞作业是针对不同类型的井下落物选用相应打捞工具将其捞出，恢复油、气、水井正常生产作业的过程。

（二）打捞作业的井控基本要求

为防止打捞作业期间发生井喷事故，应采取以下防喷措施：

（1）在打捞前按规定压井，目的是增加井筒液柱压力来制止井喷，要求井底压力与地层压力平衡。

（2）下探视工具，了解落物的位置和形状等。依据落物情况及落物与套管环空大小，选择和制作合适的打捞工具。编写施工设计和安全措施，按程序报有关部门审批后，方能进行打捞作业。

（3）按标准安装防喷装置并试压。严格执行附近注水、注气（汽）井关停、泄压制度。

（4）打捞前，循环压井液一周并关井观察套压是否为零，开井无溢流方可施工。每个班组按作业工况进行防喷演习。

（5）打捞期间应有专人坐岗观察，发现溢流时，停止打捞作业并关井。

（6）起下管柱过程中发现溢流按程序关井。当捕获落鱼不能上提时，发生溢流，要及时释放落鱼并关井；带有大直径工具的管柱应控制起下速度，防止压力激动或抽汲导致井喷，并有防止管柱上顶的措施。打捞过程中发生溢流时，测取井口压力，然后组织压井。

（7）起下管柱时应连续向井内灌入压井液，防喷防漏。

第七节　洗井、不压井、诱喷作业

一、洗井作业的防喷措施

（一）洗井作业

洗井是通过在地面向井筒内泵入洗井液，把井壁和油管上的结蜡、稠油、杂质及其他作业的井底碎屑等携带到地面，顺畅油流通道或清洁井底的作业。

洗井液必须与产层和产出液有良好的配伍性，水质、密度、黏度等符合施工设计要求。

（二）洗井作业的防喷措施

（1）按施工设计管柱结构，将洗井管柱下至预定深度。

（2）连接地面管线，地面管线试压至设计施工泵压的1.5倍，经5min后不刺、不漏为合格。

（3）开套管阀门泵注洗井液。洗井时要注意观察泵压变化，泵压不能超过油层吸水启动井口压力。排量由小到大，返液正常后逐渐加大至设计洗井排量，至少循环洗井一周半。

（4）洗井过程中，随时观察并记录泵压，进、出口排量及漏失量等数据。

（5）对于严重漏失井，应采用有效堵漏措施后再进行洗井施工。

（6）对于出砂严重井，应优先采用反循环法洗井，保持不喷不漏、平衡洗井。正循环洗井时，应经常活动管柱。

（7）洗井过程中加深或上提管柱时，洗井工作液必须循环两周以上方可活动管柱，并迅速连接好管柱，直到洗井至施工设计深度。

二、不压井作业的防喷措施

（一）不压井作业

不压井作业是利用特殊井口设备，在带压情况下进行管柱起下的一种作业方法。其可最大限度地保持原始产层状态，避免产层污染，减少作业环节。

（二）不压井作业的防喷措施

（1）作业井的井口装置、井下管柱结构及地面设施必须具备不压井、不放喷及应急抢险作业的各种条件。

（2）作业施工前应接好放喷平衡管线。

（3）不压井井口控制装置要求动作灵活、密封性能好、连接牢固、试压合格，并有性能可靠的安全卡瓦。

（4）起下管柱过程中，随时观察井口压力及管柱变化。当超过安全工作压力或发现管柱自动上移时，应及时采取加压及其他有效措施。

三、诱喷作业的防喷措施

诱导油、气进入井内即诱喷，也就是把储层中的油、气诱导出来，以达到试采生产的目的。其途径是降低井筒的液面高度，或减小井内压井液密度。具体方法包括替喷、气举、抽汲诱喷等。

（一）液体替喷的防喷措施

替喷是用低密度的液体把井内高密度的压井液置换出来，使油、气产出的过程。对自喷能力弱的井可采用一次替喷，对自喷能力强的高压油气井可采用二次替喷。在进行替喷作业时应注意以下问题：

（1）替喷前应按设计要求选用规定密度的替喷液体。

（2）进、出口管线及井口装置应试压，出口管线必须用钢质直管线，有固定措施。

（3）选用可燃性液体作替喷液时，井场50m范围内严禁烟火。

（4）放喷时要用针形阀或油嘴控制放喷量，严禁无控制放喷。

（5）替喷过程中，要注意观察、记录返出流体的性质和数量。如出现井口压力逐渐升高，出口排量逐渐增大，并有油、气显示，停泵后井口有溢流，喷势逐渐增大的情况，说明替喷成功。

（6）替喷时，应采用正循环替喷方法，以降低井底回压，减少对油气层的伤害。替喷过程中，要采用连续大排量，中途不得停泵，套管出口放喷正常后，再装油嘴控制生产。

（7）高压油、气井应先坐封隔器再替喷，或采用二次替喷。

（二）抽汲诱喷的防喷措施

抽汲是用专用工具把井内液体抽到地面，以降低液面，减少液柱对油层所造成回压的一种排液措施。在进行抽汲诱喷时应注意以下问题：

（1）抽汲诱喷前，要认真检查抽汲工具，防止松扣脱落，并装好防喷盒、防喷管。加重杆、绳帽总长度为0.5m以上，其内径不小于油管内径。

（2）地滑车必须有牢固固定措施，禁止将地滑车拴在井口采油树或井架大腿底座上。

（3）下入井内的钢丝绳必须丈量清楚，并有明显的标记，滚筒上余绳不少于30圈。

（4）抽子沉没度一般不超过150m，对高压或高气油比的井不能连续抽汲，每抽2～3次及时观察动液面上升情况。

（5）抽汲过程中，有专人负责观察标记。停抽时，抽子应起至防喷管内，不准在井内停留。

（6）抽汲中若发现井喷，则应迅速将抽子起至防喷管内，按关井程序关井。

（三）气举的防喷措施

采用液体替喷和抽汲诱喷无效时可采用气举诱喷。气举是使用压缩机向油管或套管内注入压缩气体，使井中的液体从套管或油管中排出。气举的目的是降低井底回压，使地层中的流体流入井筒。气举的防喷措施有：

（1）用连续油管进行气举排液作业时，必须装好连续油管防喷器组。

（2）进、出口管线采用高压钢管线并固定牢靠，管线试压压力为最高工作压力的1.5倍。

（3）压风机及施工车辆距井口不得小于规定距离（20m），排气管上装消声器和防火帽。

（4）气举时，无关人员撤离开高压区。气举中途发生故障时应先停止气举，放压后进行维修。

（5）气举后应根据压差情况确定放喷油嘴的大小，禁止用平板阀控制放喷。必要时装双翼采油树控制放喷量，严防出砂。

（6）对于天然气量较大的油井或气井，应采用氮气气举。利用注液氮诱喷时，要谨防泄漏。施工人员应穿戴好劳动保护用品，以防冻伤。

第三章　岩土工程勘察

第一节　岩土工程勘察概述

岩土工程勘察是指根据建设工程的要求，查明、分析、评价建设场地的地质、环境特征和岩土工程条件，编制勘察文件的活动。若勘察工作不到位，不良工程地质问题将被揭露出来，易使设计和施工良好的上部构造遭受破坏。岩土工程勘察的目的主要是查明工程地质条件，分析存在的工程地质问题，对建筑地区作出工程地质评价。岩土工程勘察的内容主要有工程地质调查和测绘，勘探与岩土取样，原位测试、室内试验，现场检验、检测，最终根据以上几种或全部手段，对场地工程地质条件进行定性或定量分析评价，编制所需的成果报告文件。

勘察、设计和施工是我国基本建设工程的3个主要程序。勘察工作必须走在设计和施工之前，为设计和施工服务，有了准确的勘察资料，才可能有正确的设计和施工。岩土工程勘察应按工程建设各勘察阶段的要求，正确反映工程地质条件，查明不良地质作用和地质灾害，精心勘察，详细分析，提出资料完整、评价正确的勘察报告，从而提高经济效益和社会效益。

我国公路、铁路、工业与民用建筑等各部门对各自工程的勘察工作，随着建筑物自身条件和所处外部环境的不同，各有其特殊的要求，但总体思路都是大同小异的。本章将分别介绍岩土工程勘察的任务、程序、分级和工程勘察的基本要求等内容，以便大家获得岩土工程勘察的基本知识。

第二节　岩土工程勘察的任务

通过工程地质调查与测绘、勘探与岩土取样、原位测试，室内试验和岩土工程监测等工作，岩土工程勘察要完成以下任务：

（1）场地稳定性的评价。对若干可能的建筑场地不同地段的建筑适宜性进行技术论证，对公路和铁路各线路方案和控制工程的工程地质和水文地质条件进行可行性分析。

（2）为岩土工程设计提供场地地层、地下水分布的几何参数和岩土体工程性状参数。

（3）对岩土工程施工过程中可能出现的各种岩土工程问题（如开挖、降水、沉桩等）作出预测，并提出相应的防治措施和合理施工方法的建议。

（4）对建筑基地作出岩土工程评价，对基础方案、岩土加固与改良方案或其他人工地基设计方案进行论证并提出建议，根据设计意图监督地基施工质量。

（5）预测由于场地及邻近地区自然环境的变化对建筑场地可能造成的影响，以及工程本身对场地环境可能产生的变化及其对工程的影响。

（6）为现有工程安全性的评定、拟建工程对现有工程的影响和事故工程的调查分析提供依据。

（7）指导岩土工程在运营和使用期间的长期观测，如对建筑物的沉降和变形进行的观测等。

第三节　岩土工程勘察的程序

根据政府或主管部门的有关批文，按规划或设计部门所定的拟建工程地点或路线的必经点（县、市或特殊地点）及可能的线路方案进行岩土工程勘察工作，其基本程序如下：

（1）通过调查，收集资料，进行现场踏勘或工程地质测绘，初步了解场地的工程地质条件、不良地质现象及其他主要问题。

（2）针对工程的特点，结合场地的工程地质条件，明确工程可能出现的具体岩土工程问题（可采用分析原理或计算模式）以及提供所需的岩土技术参数。

（3）有针对性地制定岩土工程勘察纲要，选择有效的勘探测试手段，积极采用新技术和综合测试方法，合理计算工作量，获得所需的岩土技术参数。

（4）确定岩土参数的最佳估值。通过岩土的室内试验和现场测试，依据场地的地质条件，考虑到岩土材料的不均匀性、各向异性和随时间的变化，评估岩土参数的不确定性，比较工程中岩土体工程性状与室内试验和现场测试的岩土体工程性状间的关系，用统计分析方法确定岩土参数的最佳估值。当岩土参数有较大的不确定性时，建议的设计岩土参数尤应慎重，必要时可通过原型试验或现场监测检验，或修正所建议的设计参数。

（5）根据所建议的岩土设计参数和工程经验的判断，对待定的岩土工程问题作出分析评价，对设计和施工的主要技术要求提出建议，并提出改良和防治措施的方案。

（6）对重要的工程进行岩土施工的监测和监理，检查和监督施工质量，使其符合设计意图，或根据现场实际情况的变化，对设计提出修改意见。这里所讲的监理并非指工程建设项目实施阶段的施工监理（即建设监理），而是指重要工程中由勘察单位对其岩土工程问题所实施的监理，其目的是使工程建设中岩土工程问题的勘察、设计、处理和监测密切结合，成为一体化的专业体制，即岩土工程体制，使其服务于工程建设的全过程。

（7）岩土工程运营使用期限内进行长期观测（如建筑物的沉降、变形观测），用工程实践检验岩土工程勘察的质量，积累地区性经验，提高岩土工程勘察水平。

可见，岩土工程勘察工作不仅在设计、施工前进行，而且在施工过程中，甚至延续到工程竣工后的长期观测，因此把勘察、设计、施工截然分开、各管一段的想法是有缺陷的。这里也对岩土专业工程师提出了拓宽专业理论、丰富实践经验的要求，只有懂得该工程的功能和工作特点，熟悉施工工艺，才能出色地完成岩土工程勘察的全过程任务。

第四节　岩土工程勘察的分级

岩土工程勘察的分级应根据岩土工程的安全等级、场地的复杂程度和地基的复杂程度来划分。不同等级的岩土工程勘察，因其复杂程度和难易程度的不同，勘探测试工作、分析计算评价工作、施工监测控制工作等的规模、工作量、工作深度质量也相应有不同的最低要求。

一、场地复杂程度分级

根据场地的复杂程度，可按下列规定分为3个场地等级：

（1）符合下列条件之一者为一级场地（复杂场地）：①对建筑抗震危险的地段；②不良地质作用强烈发育；③地质环境已经或可能受到强烈破坏；④地形地貌复杂；⑤有影响工程的多层地下水，岩溶裂隙水或其他水文地质条件复杂，需要专门研究的场地。

（2）符合下列条件之一者为二级场地（中等复杂场地）：①对建筑抗震不利的地段；②不良地质作用一般发育；③地质环境已经或可能受到一般破坏；④地形地貌较复杂；⑤基础位于地下水位以下的场地。

（3）符合下列条件者为三级场地（简单场地）：①抗震设防烈度等于或小于6度，或对其建筑抗震有利的地段；②不良地质作用不发育；③地质环境基本未受破坏；④地形地貌简单；⑤地下水对工程无影响。

二、地基复杂程度分级

地基条件也按其复杂程度分为一级（复杂的）、二级（中等复杂的）、三级（简单的）地基3个级别。

一级地基：岩土类型多，岩土性质变化大，地下水对工程影响大；需特殊处理的地基；极不稳定的特殊性岩土组成的地基，如强烈季节性冻土、强烈湿陷性土、强烈盐渍土、强烈膨胀岩土、严重污染土等。

二级地基：岩土类型较多，岩土性质变化较大，地下水对工程有不利影响；需进行专门分析研究，可按专门规范或借鉴成功建筑经验处理的特殊性岩土。

三级地基；岩土类型单一，岩土性质变化不大或均一，地下水对工程无影响；虽属特殊性岩土，但邻近即有地基资料可利用或借鉴，不需进行地基处理。

三、岩土工程的勘察等级

根据工程重要性等级、场地复杂程度等级和地基复杂程度等级，可按下列条件划分岩土工程勘察等级。

甲级：在工程重要性、场地复杂程度和地基复杂程度等级中，有一项或多项为一级。

乙级：除勘察等级为甲级和丙级以外的勘察项目。

丙级：工程重要性、场地复杂程度和地基复杂程度等级均为三级。

第五节　岩土勘察的基本要求

岩土工程勘察以房屋建筑和构筑物为例展开叙述。

（1）房屋建筑和构筑物（以下简称建筑物）的岩土工程勘察，应在搜集建筑物上部荷载、功能特点、结构类型、基础形式、埋置深度和变形限制等方面资料的基础上进行。其主要工作内容应符合下列规定：①查明场地和地基的稳定性、地层结构、持力层和下卧层的工程特性、土的应力历史和地下水条件以及不良地质作用等；②提供满足设计、施工所需的岩土参数，确定地基承载力，预测地基变形性状；提出地基基础、基坑支护、工程降水和地基处理设计与施工方案的建议；③提出对建筑物有影响的不良地质作用的防治方案建议；④对抗震设防烈度等于或大于6度的场地进行场地与地基的地震效应评价。

（2）建筑物的岩土工程勘察宜分阶段进行：①可行性研究勘察应符合选择场址方案的要求；②初步勘察应符合初步设计的要求；③详细勘察应符合施工图设计的要求；④对于场地条件复杂或有特殊要求的工程，宜进行施工勘察。

场地较小且无特殊要求的工程可合并勘察阶段，当建筑物平面布置已经确定，且场地或其附近已有岩土工程资料时，可根据实际情况，直接进行详细勘察。

（3）可行性研究勘察，应对拟建场地的稳定性和适宜性作出评价，并符合下列要求：①搜集区域地质、地形地貌、地震、矿产、工程地质、岩土工程和建筑经验等资料；②在充分搜集和分析已有资料的基础上，通过踏勘了解场地的地层、构造、岩性、不良地质作用和地下水等工程地质条件；③当拟建场地工程地质条件复杂、已有资料不能满足要求时，应根据具体情况进行工程地质测绘和必要的勘探工作；④当有两个或两个以上拟选场地时，应进行比选分析。

（4）初步勘察应对场地内拟建建筑地段的稳定性作出评价，并进行下列工作：①搜集拟建工程的有关文件、工程地质和岩土工程资料以及工程场地范围的地形图；②初步查明地质构造、地层结构、岩土工程特性、地下水埋藏条件；③查明场地不良地质作用的成因、分布、规模、发展趋势，并对场地的稳定性作出评价；④对于抗震设防烈度等于或大于6度的场地，应对场地和地基的地震效应作出初步评价；⑤对于季节性冻土地区，应调查场地土的标准冻结深度；⑥初步判定水和土对建筑材料的腐蚀性；⑦对高层建筑进行初步勘察时，应对可能采取的地基基础类型、基坑开挖与支护、工程降水方案进行初步分析评价。

（5）初步勘察的勘探工作应符合下列要求：①勘探线应垂直地貌单元、地质构造和地层界线布置；②每个地貌单元均应布置勘探点，在地貌单元交接部位和地层变化较大的地段，勘探点应予以加密；③在地形平坦的地区，可按网格布置勘探点；④对于岩质地基、勘探线和勘探点的布置、勘探孔的深度，应根据地质构造、岩体特性、风化情况等，按地方标准或当地经验确定。

（6）当遇到下列情形之一时，应适当增减勘探孔深度：①当勘探孔的地面标高与预计整平地面标高相差较大时，应按其差值调整勘探孔深度；②在预定深度内遇基岩时，除控制性勘探孔仍应钻入基岩适当深度外，其他勘探孔达到确认的基岩后即可终止钻进；③在预定深度内有厚度较大且分布均匀的坚实土层（如碎石土、密实砂、老沉积土等）时，除控制性勘探孔应达到规定深度外，一般性勘探孔的深度可适当减小；④当预定深度内有软弱土层时，勘探孔深度应适当增加，部分控制性勘探孔应穿透软弱土层或达到预计控制深度；⑤对重型工业建筑应根据结构特点和荷载条件适当增加勘探孔深度。

（7）初步勘察采取土试样或进行原位测试应符合下列要求：①采取土试样或进行原位测试的勘探点应结合地貌单元、地层结构和土的工程性质布置，其数量可占勘探点总数的1/4 ~ 1/2；②对于采取土试样的数量和孔内原位测试的竖向建筑，应按地层特点和土的均匀程度确定；③每层土均应采取土试样或进行原位测试，其数量不宜少于6个。

（8）初步勘察应进行下列水文地质工作：①调查含水层的埋藏条件、地下水类型、补给排泄条件、各层地下水位，调查地下水位的变化幅度，必要时应设置长期观测孔，监测地下水位变化；②当需要测绘地下水等水位线图时，应根据地下水的埋藏条件和层位，统一量测地下水位；③当地下水可能浸湿基础时，应采取水试样进行腐蚀性评价。

（9）详细勘察应按单体建筑物或建筑群提出详细的岩土工程资料和设计，以及施工所需的岩土参数。对建筑地基作出岩土工程评价，并对地基类型、基础形式、地基处理、基坑支护、工程降水和不良地质作用的防治等提出建议。主要应进行下列工作：①搜集附有坐标和地形的建筑总平面图，场区的地面整平标高，建筑物的性质、规模、荷载、结构特点、基础形式、埋置深度、地基允许变形等资料；②查明不良地质作用的类型、成因、分布范围、发展趋势和危害程度，提出整治方案的建议；③查明建筑范围内岩土层的类型、深度、分布、工程特性，分析和评价地基的稳定性、均匀性和承载力；④对需进行沉降计算的建筑物，提供地基变形计算参数，预测建筑物的变形特征；⑤查明埋藏的河道、墓穴、防空洞、孤石等对工程不利的埋藏物；⑥查明地下水的埋藏条件，提供地下水位及其变化幅度；⑦在季节性冻土地区，提供场地土的标准冻结深度；⑧判定水和土对建筑材料的腐蚀性。

（10）详细勘察的勘探点布置，应符合下列规定：①勘探点宜按建筑物周边线和角点布置，对无特殊要求的其他建筑物可按建筑物或建筑群的范围布置；②同一建筑范围内的主要受力层或有影响的下卧层起伏较大时，应加密勘探点，查明其变化；③对于重大设备基础，应单独布置勘探点；④对于重大的动力机器基础和高耸构筑物，勘探点不宜少于3个；⑤勘探手段宜采用钻探与触探相配合，在复杂地质条件下，对于湿陷性土、膨胀岩土、风化岩和残积土地区，宜布置适量探井。

（11）详细勘察的单栋高层建筑勘探点的布置应满足对地基均匀性评价

的要求，且不应少于4个；对于密集的高层建筑群，勘探点可适当减少，但每栋建筑物至少应有1个控制性勘探点。

（12）详细勘察的勘探深度自基础底面算起，应符合下列规定：①勘探孔深度应能控制地基主要受力层，当基础底面宽度不大于5m时，勘探孔的深度对于条形基础不应小于基础底面宽度的3倍，对于单独柱基不应小于1.5倍，且不应小于5m；②对于高层建筑和需做变形验算的地基，控制性勘探孔的深度应超过地基变形计算深度；③高层建筑的一般性勘探孔应达到基底下0.5～1.0倍的基础宽度，并深入稳定分布的地层；④对于仅有地下室的建筑或高层建筑的裙房，当不能满足抗浮设计要求、需设置抗浮桩或锚杆时，勘探孔深度应满足抗拔承载力评价的要求；⑤当有大面积地面堆载或软弱下卧层时，应适当加深控制性勘探孔的深度；⑥在上述规定深度内遇基岩或厚层碎石土等稳定地层时，勘探孔深度可适当调整。

（13）详细勘察的勘探孔深度应符合下列规定：①地基变形计算深度，对于中、低压缩性土可取附加压力等于上覆土层有效自重压力20%的深度，对于高压缩性土层可取附加压力等于上覆土层有效自重压力10%的深度；②建筑总平面内的裙房或仅有地下室部分（或当基底附加压力≤0时）的控制性勘探孔的深度可适当减小，但应深入稳定分布地层，且根据荷载和土质条件不宜少于基底下0.5～1.0倍基础宽度；③当需进行地基整体稳定性验算时，控制性勘探孔深度应根据具体条件满足验算要求；④当需确定场地抗震类别而邻近无可靠的覆盖层厚度资料时，应布置波速测试孔，其深度应满足确定覆盖层厚度的要求；⑤大型设备基础勘探孔深度不宜小于基础底面宽度的2倍；⑥当需进行地基处理时，勘探孔的深度应满足地基处理设计与施工要求。

（14）详细勘察采取土试样或进行原位测试应满足岩土工程评价要求，并符合下列要求：①采取土试样或进行原位测试的勘探孔的数量应根据地层结构、地基土的均匀性和工程特点确定，且不少于勘探孔总数的1/2，钻探取土试样孔的数量不应少于勘探孔总数的1/3；②每个场地每一主要土层的原状土试样或原位测试数据不应少于6件（组），当采用连续记录的静力触探或动力触探为主要勘探手段时，每个场地不应少于3个孔；③在地基主要受力层内，对于厚度大于0.5m的夹层或透镜体，应采取土试样或进行原位测试；④当土层性质不均匀时，应增加取土试样或原位测试数量。

（15）详细勘察应论证地下水在施工期间对工程和环境的影响。对于情况复杂的重要工程，需论证使用期间水位变化和需提出抗浮设防水位时，应进行专门研究。

（16）基坑或基槽开挖后，岩土条件与勘察资料不符或发现必须查明的异常情况时，应进行施工勘察；在工程施工或使用期间，当地基土、边坡体、地下水等发生未曾估计到的变化时，应进行监测，并对工程和环境的影响进行分析评价。

第六节　特殊性岩土

一、湿陷性土

（1）对湿陷性黄土的勘察应按现行国家标准《湿陷性黄土地区建筑标准》（GB 50025–2018）执行。

（2）当不能取试样做室内湿陷性试验时，应采用现场载荷试验确定湿陷性。在200kPa压力下，浸水载荷试验的附加湿陷量与承压板宽度之比等于或大于0.023的土，应判定为湿陷性土。

（3）湿陷性土场地勘察除应遵守本勘察基本要求的规定外，还应符合下列要求：①勘探点的间距应按勘察基本要求的规定取小值；②对于湿陷性土分布极不均匀的场地，应加密勘探点；③控制性勘探孔深度应穿透湿陷性土层；④应查明湿陷性土的年代、成因、分布和其中的夹层、包含物，胶结物的成分和性质；⑤对于湿陷性碎石土和砂土，宜采用动力触探试验和标准贯入试验确定力学特性；⑥不扰动土试样应在探井中采取，不扰动土试样除测定一般物理力学性质外，还应做土的湿陷性和湿化试验；⑦对于不能取得不扰动土试样的湿陷性土，应在探井中采用大体积法测定密度和含水量；⑧对于厚度超过2m的湿陷性土，应在不同深度处分别进行浸水载荷试验，并应不受相邻试验的浸水影响。

（4）湿陷性土的岩土工程评价应符合下列规定：①湿陷性土的地基承载力宜采用载荷试验或其他原位测试确定；②对于湿陷性土边坡，当浸水因素引起湿陷性土本身或其与下伏地层接触面的强度降低时，应进行稳定性评价。

（5）湿陷性土地基的处理应根据土质特征、湿陷等级和当地建筑经验等因素综合确定。

二、多年冻土

含有固态水且冻结状态持续两年或两年以上的土，应判定为多年冻土。根据融化下沉系数的大小，多年冻土可分为不融沉、弱融沉、融沉、强融沉和融陷五级。

（1）多年冻土勘察应根据多年冻土的设计原则、多年冻土的类型和特征进行，并应查明下列内容：多年冻土的分布范围及上限深度，多年冻土的类型、厚度、总含水量、构造特征、物理力学和热学性质，多年冻土层上水、层间水和层下水的赋存形式、相互关系及其对工程的影响，多年冻土的融沉性分级和季节融化层土的冻胀性分级，厚层地下冰、冰丘、冻土沼泽、热融滑塌、热融湖塘、融冻泥流等不良地质作用的形态特征、形成条件、分布范围、发生发展规律及其对工程的危害程度。

（2）多年冻土地区勘探点的间距除应满足岩土勘察的基本要求外，尚应适当加密。勘探孔的深度应满足下列要求：①对于保持冻结状态设计的地基，不应小于基底以下2倍基础宽度，对桩基应超过桩端以下3～5m；②对于逐渐融化状态和预先融化状态设计的地基，应符合非冻土地基的要求；③无论何种设计原则，勘探孔的深度均宜超过多年冻土上限深度的1.5倍；④在多年冻土的不稳定地带，应查明多年冻土下限深度；⑤当地基为饱冰冻土或含土冰层时，应穿透该层。

（3）多年冻土的勘探测试应满足下列要求：①多年冻土地区钻探宜缩短施工时间，宜采用大口径低速钻进，终孔直径不宜小于108mm，必要时可采用低温泥浆，并避免在钻孔周围造成人工融区或孔内冻结；②应分层测定地下水位；③对于保持冻结状态设计地段的钻孔，孔内测温工作结束后应及时回填；④取样的竖向间隔除应满足勘察取样的基本要求外，在季节融化层应适当加密，试样在采取、搬运、储存、试验过程中应避免融化；⑤试验项目除按常规要求外，尚应根据需要进行总含水量、体积含冰量、相对含冰量、未冻水含量、冻结温度、导热系数、冻胀量、融化压缩等项目的试验；⑥对于盐渍化多年冻土和泥炭化多年冻土，尚应分别测定易溶盐含量和有机质含量；⑦工程需要时，可建立地温观测点，进行地温观测；⑧当需查明与冻土融化有关的不良地质作用时，调查工作宜在2～5月份进行；⑨多年冻土上限深度的勘察时间宜在九月份、十月份。

（4）多年冻土的岩土工程评价应符合下列要求：①多年冻土的地基承载力应区别保持冻结地基和容许融化地基，结合当地经验用载荷试验或其他原位测试方法综合确定，对次要建筑物可根据邻近工程经验确定；②除次要工程外，建筑物宜避开饱冰冻土、含土冰层地段、冰丘、热融湖、厚层地下冰、融区与多年冻土区之间的过渡带，宜选择坚硬岩层、少冰冻土和多冰冻土地段以及地下水位或冻土层上水位低的地段和地形平缓的高地。

第七节　岩土工程指标的统计与选用

一、统计的内容

根据规范和实际工程经验，需要统计的内容有指标的最小值φ_{min}和最大值φ_{max}、指标的平均值φ_{m}、指标的标准差δ_{f}、指标的变异系数δ、样本数n。

二、统计方法

（1）岩土指标的统计应按岩土单元、区段及层位分别进行统计。

（2）指标的平均值φ_m应按式（3–1）计算：

$$\phi_m \frac{\sum_{i=1}^{n}\phi_i}{n} \tag{3–1}$$

式中：φ_m——岩土指标的实测值；

n——统计样本数。

（3）指标的标准差δ_f应按式（3–2）计算：

$$\phi_f = \sqrt{\frac{1}{n-1}\left[\sum_{i=1}^{n}\phi_i^2 - \frac{\left(\sum_{i=1}^{n}\phi_i\right)^2}{n}\right]} \tag{3–2}$$

δ_f表示数据离散性的特征值，其量纲和指标的量纲相同。它与均方差的关系如式（3–3）所示：

$$\delta = \delta_f\sqrt{\frac{n-1}{n}} \tag{3–3}$$

（4）指标的变异系数应按式（3–4）计算：

$$\delta=\delta_f/\varphi_m \tag{3-4}$$

变异系数是表示数据变异性的特征值，是无量纲系数。

（5）主要参数宜绘制沿深度变化的图像，并按变化特点划分为相关类型和非相关类型，需要时应分析参数在水平方向上的变异规律。

三、岩土指标的选用

评价岩土性状的指标（如天然密度、天然含水率、液限、塑限、塑性指数、饱和度、相对密实度、吸水率等），应选用指标的平均值；正常使用极限状态计算需要的岩土参数指标（如压缩系数、压缩模量、渗透系数等），宜选用平均值；当变异性较大时，可根据经验做适当调整；承载能力极限状态计算需要的岩土参数（如岩土的抗剪强度指标），应选用指标的标准值；载荷试验承载力应取特征值；容许应力法计算需要的岩土指标，应根据计算和评价的方法选定，可选用平均值，并做适当经验调整；岩土参数选用应按内容评价其可靠性和适用性。评价岩土性状的指标还有取样方法和其他因素对试验结果的影响、采用的试验方法和取值标准、不同测试方法所得结果的分析比较、测试结果的离散程度、测试方法与计算模型的配套性等。

第八节　工程岩体分级

对工程岩体进行初步定级时，应将岩体基本质量级别作为岩体级别；对工程岩体进行详细定级时，应在岩体基本质量分级的基础上，结合不同类型工程的特点，根据地下水状态、初始应力状态、工程轴线或工程走向线的方位与主要结构面产状的组合关系等修正因素，确定各类工程岩体的质量指标。岩体初始应力状态对地下工程岩体级别的影响应按表3–1以相应初始应力和围岩强度确定的强度应力比值作为修正控制因素。

表3–1 工程岩体强度应力评估

高初始应力条件下的主要现象	应力
（1）硬质岩：岩心常有饼化现象，开挖过程中时有岩爆发生，有岩块弹出，洞壁岩体发生剥离，新生裂缝多，围岩易失稳；基坑有剥离现象，成形性差。 （2）软质岩：开挖过程中洞壁岩体有剥离，位移极为显著，甚至发生大位移，持续时间长，不易成洞；基坑发生显著隆起或剥离，不易变形	＜4
（1）硬质岩：岩心时有饼化现象，开挖过程中偶有岩爆发生，洞壁岩体有剥离和掉块现象，新生裂缝较多；基坑时有剥离现象，成形性一般尚好。 （2）软质岩：开挖过程中洞壁岩体位移显著，持续时间长，围岩易失稳；基坑有隆起现象，成形性较差	4～7

对于岩体初始应力状态，有实测的应力成果时，应采用实测值；无实测成果时，可根据工程埋深或井挖深度、地形地貌、地质构造运动史、主要构造线、钻孔中的岩心饼化和开挖过程中出现的岩爆等特殊地质现象，按以下内容作出评估。

没有岩体初始应力实测成果时，可根据地形和地质勘察资料，按下列方法对初始应力场作出评估：

（1）通过对历次构造形迹的调查和对近期构造运动的分析，以第一序次为准，根据复合关系，确定最新构造体系，据此确定初始应力的最大主应力方向。

（2）埋深大于1000m，随着深度的增加，初始应力场逐渐趋向于静水压力分布；大于1500m以后，可按静水压力分布确定。

（3）在峡谷地段，从谷坡至山体以内，可划分为应力松弛区、应力过渡区、应力稳定区和河底应力集中区。峡谷的影响范围在水平方向一般为谷宽的1～3倍。在谷底较深部位，最大主应力趋于水平且多垂直于河谷。

（4）在地表岩体剥蚀显著地区，水平向应力应按原覆盖层厚度计算，其覆盖层厚度应包括已剥蚀的部分。

第四章　岩土工程现场勘察施工

第一节　工程地质测绘与调查

一、概述

（一）工程地质测绘的作用及特点

在岩土工程勘察中，工程地质测绘是一项简单、经济又有效的工作方法，它是岩土工程勘察中最重要、最基本的勘察方法，也是各项勘察中最先进行的一项勘察工作。

1.工程地质测绘

工程地质测绘是运用地质、工程地质理论对与工程建设有关的各种地质现象进行详细观察和描述，以查明拟定工作区内工程地质条件的空间分布和各要素之间的内在联系，并按照精度要求将它们如实地反映在一定比例尺的地形底图上，并结合勘探、测试和其他勘察工作资料编制成工程地质图的过程。

2.工程地质测绘的目的和任务

查明建筑场地及邻近地段的工程地质条件，重点对开发建设的适宜性和场地的稳定性作出评价，为拟建工程建筑选择最佳地段，为后续勘探工作的布置提供依据。

工程地质测绘是配合工程地质勘探、试验等所取得的资料编制成的工程地质图，是作为工程地质勘察的重要成果。这一重要勘察成果可对建筑场地的工程地质条件作出评价，提供给建筑物规划、设计和施工部门应用参考。在基岩裸露山区进行工程地质测绘能较全面地阐明该区的工程地质条件，得到岩土工程地质性质的形成和空间变化的初步概念，判明物理和工程地质现象的空间分布、形成条件和发育规律。即使在第四系覆盖的平原区，工程地质测绘也仍然有着不可忽视的作用，只不过测绘工作的重点应放在研究地貌和松软土上。由于工程地质测绘能够在较短时间内查明工作区的工程地质条件而花费不多，在区域性预测和对比评价中能够发挥重大作用，在其他工作配合下能够顺利地解决建筑场地的选择和建筑物的原则配置问题，所以在规划设计阶段或可行性研究阶段，它往往是工程地质勘察的主要手段。

3.工程地质测绘的分类

根据研究内容的不同，工程地质测绘可分为综合性工程地质测绘和专门性工程地质测绘两种。

综合性工程地质测绘是对工作区内工程地质条件各要素的空间分布及各要素之间的内在联系进行全面综合的研究，为编制综合工程地质图提供资料。

专门性工程地质测绘是为某一特定建筑物服务的，或者是对工程地质条件的某一要素进行专门研究以掌握其变化规律，如第四纪地质、地貌、斜坡变形破坏等，为编制专用工程地质图或工程地质分析图提供依据。

无论哪种工程地质测绘都是为建筑物的规划、设计和施工服务的，都有特定的研究项目。例如，在沉积岩分布区应着重研究软弱岩层和次生泥化夹层的分布、层位、厚度、性状、接触关系，可溶岩类的岩溶发育特征等；在岩浆岩分布区，侵入岩的边缘接触带、平缓的原生节理、岩脉及风化壳的发育特征、喷出岩的喷发间断面、凝灰岩及其泥化情况、玄武岩中的气孔等则是主要的研究内容；在变质岩分布区，其主要的研究对象则是软弱变质岩带和夹层等。

工程地质测绘对各种有关地质现象的研究除要阐明其成因和性质外，还要注意定量指标的获取，如断裂带的宽度和构造岩的性状、软弱夹层的厚度和性状、地下水位标高、裂隙发育程度、物理地质现象的规模、基岩埋藏深度等，以作为分析岩土工程问题的依据。

4.工程地质测绘的适用条件

（1）对于岩石出露或地貌、地质条件较复杂的场地，应进行工程地质测绘；对于地质条件简单的场地，可用调查代替工程地质测绘。

（2）工程地质测绘和调查宜在可行性研究阶段或初步勘察阶段进行。在可行性研究阶段收集资料时，宜包括航空像片、卫片的解释结果。在详细勘察阶段可对某些地质问题（如滑坡、断层）进行补充调查。

（二）工程地质测绘工作的程序和方法

1.工程地质测绘的工作程序

工程地质测绘的程序和其他的地质测绘工作基本相同，主要有工程地质测绘前期工作（包括收集资料、现场踏勘和编制工程地质测绘纲要）、实地测绘及资料整理与成果编制。

2.工程地质测绘的工作方法

工程地质测绘的方法有像片成图法和实地测绘法。

像片成图法是利用地面摄影或航空（卫星）摄影的像，在室内根据判译标志，结合所掌握的区域地质资料，把判明的地层岩性、地质构造、地貌、水系和不良地质现象等，调绘在单张像片上，并在像片上选择需要调查的若干地点和路线，然后据此做实地调查，进行核对修正和补充，将调查得到的资料转绘在等高线图上而成工程地质图。

当该地区没有航测等像片时，工程地质测绘主要依靠野外工作，即实地测绘法。

二、工作准备

（一）收集资料与现场踏勘

1.收集资料

需收集的资料包括区域地质资料（区域地质图、地貌图、构造地质图、地质剖面图及其文字说明）、遥感资料、气象资料、水文资料、地震资料、水文地质资料、工程地质资料及建筑经验等。

2.现场踏勘

在搜集研究资料的基础上，为了解测绘工作区的地质情况和问题而在实地进行的工作。以便合理布置观测点和观察路线，正确选择实测地质剖面位置，拟定野外工作方法。

踏勘的方法和内容主要包括以下5个方面：

（1）根据地形图在工作区范围内按固定路线进行踏勘，一般采用“Z”字形、曲折迂回而不重复的路线，穿越地形地貌、地层、构造、不良地质现象等有代表性的地段。

（2）为了解全区的岩层情况，在踏勘时选择露头良好、岩层完整、有代表性的地段做出野外地质剖面，以便熟悉地质情况和掌握工作区岩土层的分布特征。

（3）寻找地形控制点的位置，并抄录坐标、标高资料。

（4）询问和搜集洪水及其淹没范围等情况。

（5）了解工作区的供应、经济、气候、住宿及交通运输条件。

（二）工具及物品准备

1.人员组织及调查工具、物品材料准备

按照测绘精度要求精心组织人员，并准备好调查工具和物品，主要有罗盘、放大镜、地质锤、GPS仪、水温计、pH试纸、三角堰、工兵铲、三角板或钢卷尺、三角堰流量表、手图、清图、各种记录表格、文件夹、记录物品（文具盒、铅笔、签名笔、橡皮）、照相机等。

2.GPS仪的调试

野外正式工作前，需对GPS进行初始化与定点误差检测，利用测区内已知三角坐标、点坐标进行校准，校准误差小于15m。GPS在测区内的定点误差小于50m。GPS的坐标系统依据所在测区地形图坐标系统选择北京54坐标系。工作前，需检查手持GPS内置电池电量，当内置电池电量显示不足时，应及时更换。据工作区具体情况选择手持GPS坐标格式，如使用高斯坐标时，在工作前应输入工作区6°带的中央经线。

（三）熟知工程地质测绘技术要求

1.测绘范围的确定

（1）确定的依据：根据规划与设计建筑物的要求在与该工程活动有关的范围内进行，应考虑拟建建筑物的类型、规模和设计阶段及区域工程地质条件的复杂程度和研究程度。

（2）影响测绘范围的因素：①拟建建筑物的类型及规模的影响：建筑物类型不同，规模大小不同，则它与自然环境相互作用影响的范围、规模和强度也不同。选择测绘范围时，首先要考虑到这一点。例如，大型水工建筑物的兴建将引起极大范围内的自然条件产生变化，这些变化会产生各种作用于建筑物的岩土工程问题，因此，测绘的范围必须扩展到足够大，才能查清工程地质条件，从而解决有关的岩土工程问题。如果建筑物为一般的房屋建筑，且区域内没有对建筑物安全有危害的地质作用，则测绘的范围就不需很大。②建筑设计阶段的影响：在建筑物规划和设计的开始阶段，为了选择建筑地区或建筑场地，可能有多种方案，相互之间又有一定的距离，测绘的范围应把这些方案的有关地区都包括在内，因而测绘范围很大。但到了具体建筑物场地选定后，特别是建筑物的后期设计阶段，就只需要在已选工作区的较小范围内进行大比例尺的工程地质测绘。可见，工程地质测绘的范围是随着建筑物设计阶段的提高而减小的。③工程地质条件复杂和研究程度的影响：工程地质条件复杂、研究程度差，工程地质测绘范围就大。分析工程地质条件的复杂程度必须分清两种情况：一种是工作区内工程地质条件非常复杂，如构造变化剧烈，断裂很发育或者岩溶、滑坡、泥石流等物理地质作用很强烈；另一种是工作区内的地质结构并不复杂，但在邻近地区有可能产生威胁建筑物安全的物理地质作用的发源地，如泥石流的形成区、强烈地震的发震断裂等。这两种情况都直接影响建筑物的安全，若仅在工作区内进行工程地质测绘，则后者不能被查明，因此必须根据具体情况适当扩大工程地质测绘的范围。

在工作区或邻近地区内如已有其他地质研究所得的资料，则应搜集和运用它们，如果工作区及其周围较大范围内的地质构造已经查明，那么只需分析、验证它们，必要时补充进行专门问题研究即可；如果区域地质条件研究程度很差，则大范围的工程地质测绘工作就必须提上日程。

（3）工程地质测绘的范围：①工程建设引起的工程地质现象可能影响的范围；②影响工程建设的不良地质作用的发育阶段及其分布范围；③对查明测区地层岩性、地质构造、地貌单元等问题有重要意义的邻近地段；④地质条件特别复杂时可适当扩大范围。

2.比例尺的选择

比例尺的选择取决于设计要求，建筑物的类型、规模和工程地质条件的复杂程度。

（1）设计要求的影响：在工程设计的初期阶段属于规划选点性质，有若干个比较方案，测绘范围较大，而对工程地质条件研究的详细程度要求不高，所以工程地质测绘所采用的比例尺一般较小。随着建筑物设计阶段的提高，建筑物的位置具体，研究范围随之缩小，对工程地质条件研究的详细程度要求亦随之提高，工程地质测绘的比例尺也就逐渐加大。而在同一设计阶段内，比例尺的选择又取决于建筑物的类型、规模和工程地质条件的复杂程度。建筑物的规模大，工程地质条件复杂，所采用的比例尺就大。正确选择工程地质测绘比例尺的原则是：测绘所得到的成果既要满足工程建设的要求，又要尽量节省测绘工作量。

（2）勘察阶段的影响：不同的工程对象、工作内容、勘察阶段及地质条件的复杂程度等对测绘比例尺的要求是不一样的，即使是不同的部门对测绘比例尺的要求也是不同的。总的原则是必须满足工程阶段对测绘工作的要求和符合国家有关规范与规定。对工程要求越高、测绘内容越全、工程阶段越深入、测区地质条件越复杂等，所要求的比例尺也就越大。这里需要强调的是，不同的行业对大、中、小比例尺的认定范围会有所不同，实际工作中要注意相应的行业标准。

（3）比例尺的类型选择：①小比例尺测绘：比例尺为1：5000～1：50000，用于可行性研究勘察阶段，以查明规划区的工程地质条件，初步分析区域稳定性等主要岩土工程问题，为合理选择工作区提供工程地质资料；②中比例尺测绘：比例尺为1：2000～1：5000，主要用于建筑物初步设计阶段的工程地质勘察，以查明工作区的工程地质条件，为合理选择建筑物并初步确定建筑物的类型和结构提供地质资料；③大比例尺测绘：比例尺为1：500～1：2000，适用于详细勘察阶段，一般在建筑场地选定以后才进行大比例尺的工程地质测绘，以便能详细查明场地的工程地质条件。

当地质条件复杂或建筑物重要时，比例尺可适当放大，对工程有重要影响的地质单元体（滑坡、断层、软弱夹层、洞穴等），可采用扩大比例尺表示。

3.工程地质测绘精度确定

工程地质测绘精度用对地质现象观察描述的详细程度，以及工程地质条件各因素在工程地质图上反映的详细程度表示，必须与工程地质图的比例尺相适应。

（1）地质现象观察描述的详细程度是以工作区内单位测绘面积上观测点的数量和观测线的长度来控制的。通常不论比例尺多大，一般都以图上的距离为2～3cm有一个观测点来控制，比例尺增大，实际面积的观测点数就增大；当天然露头不足时，必须采用人工露头来补充，所以在大比例尺测绘时，常需配合有剥土、探槽、试坑等坑探工程，并选取少量的土样进行试验，在条件适宜时，可配合进行一定的物探工作。

（2）各要素在工程地质图上反映的详细程度：用测绘填图时所划分单元的最小尺寸以及实际单元的界线在图上标定时的误差大小来反映。测绘填图时所划分单元的最小尺寸一般为2mm，即大于2mm者均应标示在图上。但对建筑工程有重要影响的地质单元和物理地质现象（如软弱夹层、断层破碎带、滑坡等），即使小于2mm，也应用扩大比例尺的方法标示在图上。

4.工程地质测绘观察点、线的布置与定位要求

（1）总体要求：①观测点的布置应尽量利用天然和已有的人工露头，不

是均匀布置，常布置在工程地质条件的关键地段；②观测线的布置以最短的线路观察到最多的工程地质要素或现象为原则；③地质观测点的密度应根据场地的地貌、地质条件、成图比例尺和工程要求等确定，并应具有代表性；④观测点的定位可采用目测法、半仪器法、仪器法和GPS法；⑤观测点的描述既要全面又要突出重点，同时还要注意观测点之间的沿途观察记录，反映点间的变化情况。

（2）观测点的布置：观测点的布置应根据地质条件复杂程度的不同而不同，在工程地质条件复杂地段多一些，简单地段少一些。

①观测点位置的布置：工程地质观测点常布置在以下关键点上：不同岩层接触处（尤其是不同时代岩层），岩层的不整合面，不同地貌、微地貌单元分界处，有代表性的岩石露头（人工露头或天然露头），地质构造线，物理地质现象的分布地段，水文地质现象点，对工程地质有意义的地段。

②观测点的数量、间距：满足测绘精度要求，一般以图上距离2～3cm有一观测点来控制。

③观测点的定位：工程地质观测点定位时所采用的方法对成图质量影响很大。根据不同比例尺的精度要求和地质条件的复杂程度，可采用不同的方法。

目测法：对照地形底图寻找标志点，根据地形地物目测或步测距离标测。适用于小比例尺工程地质测绘，在可行性勘察阶段时采用。

半仪器法：用简单的仪器（如罗盘、皮尺、气压计等）测定方位和高程，用徒步或测绳测量距离，一般适用于中等比例尺测绘，在初勘阶段时采用。

仪器法：用经纬仪、水准仪、全站仪等较精密仪器测量观测点的位置和高程，适用于大比例尺工程地质测绘，常用于详勘阶段。

GPS定位仪目前较常用。

④观测点的描述：观测点的描述既要全面又要突出重点，同时还要注意观测点之间的沿途观察记录，反映点间的变化情况。文字记录要清晰简明，对典型或重要的地质现象尽量用素描、照片与文字相配合。观测点的记录必

须有专门的记录本或卡片，并应统一编号。凡图上所表示的地质现象，均须与文字记录相对应。

（3）观测线路的布置：常采用下列3种方法，①路线法：沿着一定的路线，穿越测绘场地，把走过的路线正确地填绘在地形图上，并沿途详细观察地质情况，把各种地质界线、地貌界线、构造线、岩层产状和各种不良地质作用等标绘在地形图上。一般用于中、小比例尺，又称穿越法。路线形式有“S”形或“直线”形。②追索法：沿着地貌单元界线、地质构造线、地层界线、不良地质现象周界进行布线追索，以查明局部地段的地质条件。追索法是路线法的补充，是一种辅助方法。③布点法：根据不同的比例尺预先在地形图上布置一定数量的观察点和观测路线，是工程地质测绘的基本方法，大、中比例尺的工程地质测绘也可采用此种方法。

布点法观察路线长度必须满足要求，路线力求避免重复，使一定的观察路线达到最广泛的观察地质现象的目的。在第四系地层覆盖较厚的平原地区，天然岩石露头较少，可采用等间距均匀布点形成测绘网格。

通常，范围较大的中、小比例尺工程地质测绘一般以穿越岩层走向或地貌、物理地质现象单元来布置观测线路为宜，大比例尺的详细测绘则应以穿越岩层走向与追索地质界线的方法相结合来布置观测路线，以便能较准确地圈定工程地质单元的边界。

（四）编制测绘纲要

1.目的要求

测绘纲要是进行测绘的依据，勘察任务书或勘察纲要是编制测绘纲要的重要依据，必须充分了解设计意图和内容、工程特点和技术要求。

2.编制内容

编制内容主要包括工作任务情况（目的、要求、测绘面积及比例尺），工作区自然地理条件（位置、交通、水文、气象、地形、地貌特征），工作区地质概况（地层、岩性、构造、地下水条件、不良地质现象），工作量、工作方法及精度要求（观察点、勘探点、室内和野外测试工作），人员组织及经费预算，材料、物资、器材的计划，工作计划及工作步骤，要求完成的各种资料、图件。

三、实地测绘

（一）实测剖面

正式测绘前，应首先实测代表性地质剖面，建立典型的地层岩性柱状剖面和标志，划分工程地质制图单元。如已有地层柱状图可供利用时，亦应进行现场校核，以加强感性认识，确定填图单位，统一工作方法。岩性综合体或岩性类型是填图的基本单位，可能时划分到工程地质类型，其界线可与地层界线吻合，也可根据岩性、岩相和工程地质特征进行细分或者归并。

（二）野外调查与描述

1.格式要求

观测点的描述格式如下：

点号：NO.1。

点位：确定观测点的所在位置，并标定在地形图上，坐标为（X，Y）。

点性：说明该观测点的性质，如岩性分界点、地质构造点、地质灾害点、水文地质点等。

描述：按照工程地质测绘内容描述，要求将所观测到的各种现象进行详细描述，并尽量赋予图片、素描等。

2.调查与描述的内容

（1）调查的主要内容：工程地质测绘的内容包括工程地质条件的全部要素，即测绘拟建场区的地层、岩性、地质构造、地貌、水系和不良地质现象、已有建筑物的变形和破坏状况和建筑经验、可利用的天然建筑材料的质量和分布等。主要内容包括：①查明地形、地貌特征及其与地层、构造、不良地质作用的关系，划分地貌单元；②岩土的年代、成因、性质、厚度和分布，对岩层应鉴定其风化程度，对土层应区分新近沉积土、各种特殊性土；③查明岩体结构类型，各类结构面（尤其是软弱结构面）的产状和性质，岩、土接触面和软弱夹层的特性等，新构造活动的形迹及其与地震活动的关系；④查明地下水的类型、补给来源、排泄条件、井泉位置、含水层的岩性特征、埋藏深度、水位变化、污染情况及其与地表水体的关系；⑤搜集气象、水文、植被、土的标准冻结深度等资料，调查最高洪水位及其发生时间、淹没范围；⑥查明岩溶、土洞、滑坡、崩塌、泥石流、冲沟、地面沉降、断裂、地震震害、地裂缝、岸边冲刷等不良地质作用的形成、分布、形态、规模、发育程度及其对工程建设的影响；⑦调查人类活动对场地稳定性的影响，包括人工洞穴、地下采空、大挖大填、抽水排水和水库诱发地震等；⑧建筑物的变形和工程经验。

（2）描述的主要内容：

①地层岩性：a.岩石及岩体的描述。岩石的描述：地质年代、地质名称、风化程度、颜色、主要矿物、结构、构造和岩石质量指标。对沉积岩应着重描述沉积物的颗粒大小、形状、胶结物成分和胶结程度；对岩浆岩和变质岩应着重描述矿物结晶大小和结晶程度。岩体的描述：结构面、结构体、岩层厚度和结构类型，并宜符合下列规定：结构面的描述包括类型、性质、产状、组合形式、发育程度、延展情况、闭合程度、粗糙程度、充填情况和充填物性质以及充水性质等，结构体的描述包括类型、形状、大小和结构体在围岩中的受力情况等。岩体质量较差的岩体描述：对于软岩和极软岩，应注意是否具有可软化性、膨胀性、崩解性等特殊性质；对于极破碎岩体，应说明破碎的原因（如断层、全风化等），开挖后是否有进一步风化的特性。b.土体的描述。碎石土：颗粒级配、颗粒形状、颗粒排列、母岩成分、风化程度、充填物的性质和充填程度、密实度等。砂土：颜色、矿物组成、颗粒级配、颗粒形状、黏粒含量、湿度、密实度等。粉土：颜色、包含物、湿度、密实度、摇震反应、光泽反应、干强度、韧性等。黏性土：颜色、状态、包含物、光泽反应、摇震反应、干强度、韧性、土层结构等。特殊性土：除描述一般特征外，尚应描述其特殊成分和特殊性质（嗅味、物质成分、堆积年代、密实度和厚度的均匀程度）等。对于具有互层、夹层、夹薄层特征的土，应描述各层的厚度和层理特征。对于同一土层中相间呈韵律沉

积，当薄层与厚层的厚度比大于1/3时，宜定为“互层”；厚度比为1/10～1/3时，宜定为“夹层”；夹层厚度比小于1/10的土层，且多次出现时，宜定为“夹薄层”；当土层厚度大于0.5m时，宜单独分层。

②地质构造的描述：岩层的产状及各种构造形式的分布、形态和规模，软弱结构面（带）的产状及其性质（包括断层的位置、类型、产状、断距、破碎带宽度及充填胶结情况），岩土层各种接触面及各类构造岩的工程特性，近期构造活动的形迹、特点及与地震活动的关系等。

③地貌的描述：地貌形态特征、分布和成因，划分地貌单元、地貌单元的形成与岩性、地质构造及不良地质现象等的关系，各种地貌形态和地貌单元的发展演化历史。

在大比例尺工程地质测绘中，应侧重微地貌与工程建筑物布置以及岩土工程设计、施工之间的关系。

④水文地质条件的描述：河流、湖沼等地表水体的分布、动态及其与水文地质条件的关系，井、泉的分布位置以及所属含水层类型、水位、水质、水量、动态、开发利用情况，区域含水层的类型、空间分布、富水性和地下水化学特征及环境水的腐蚀性，相对隔水层和透水层的岩性、透水性、厚度和空间分布，地下水的流速、流向、补给、径流和排泄条件以及地下水活动与环境的关系（如土地盐碱化等现象）。

⑤不良地质现象的描述：各种不良地质现象的分布、形态、规模、类型和发育程度，分析它们的形成机制、影响因素和发展演化趋势，预测其对工程建设的影响并提出进一步研究的重点及防治措施。

⑥已有建筑物的调查：选择不同地质环境中的不同类型和结构的建筑物，调查其有无变形、破坏的标志，并详细分析其原因，以判明建筑物对地质环境的适应性；具体评价建筑场地的工程地质条件，对拟建建筑物可能的变形、破坏情况作出正确的预测，并提出相应的防治对策和措施；在不良地质环境或特殊性岩土的建筑场地，应充分调查、了解当地的建筑经验，了解建筑结构、基础方案、地基处理和场地整治等方面的经验。

⑦人类工程活动对场地稳定性影响的调查：采矿和过量抽取地下水引起

的地面塌陷，修建公路、铁路、深基坑开挖所引起的边坡失稳等，主要描述形成原因、规模大小、产生的危害及防治措施。

四、成果整理

（一）资料整理

1.野外工作中的资料整理

（1）野外手图、实际材料图：在每日野外工作结束后，调查小组要在一定比例尺的地形图手图上以直径2mm小圆圈标定调查点，写上调查号，同时标绘相关的地质、水文地质和不良地质现象内容，着墨。每个调查图幅要提交一张完整的实际材料图，转点误差应小于0.5mm。在其图边注明责任表（包括调查小组、转绘者、检查者）。

（2）调查记录卡：调查人员完成当天工作回到驻地后，应对当天的记录卡对照图进行自我检查与完善，对数据及素描图等着墨，驻地搬迁前要完成互检。回到室内后，按图幅装订成册，加上统一印制的封面。

（3）野外原始资料的检查：为保证野外调查工作的质量，必须建立健全野外工作三级（调查小组、项目组和生产单位）质量检查制度和原始资料验收制度。①调查小组质量检查主要包括自检、互检，检查工作量为100%。自（互）检是调查小组的日常检查工作，应在当天野外工作结束后进行。检查内容包括：记录卡填写内容的完整性、准确性，记录卡与手图的一致性，GPS坐标读数与手图坐标、转点图坐标一致等。发现问题及时更正，并填写调查小组日常自（互）检登记表。②项目组质量检查人员应对各调查小组进行工作质量检查。野外检查工作量应大于总工作量的5%，室内质量检查工作量应大于总工作量的20%。野外质量检查内容包括：调查点的合理性，调查工作的规范性，记录内容的真实性、正确性。室内质量检查内容包括：手图与记录卡的一致性，记录卡填写内容的完整性，手图转绘的正确性。室内检查结果要填写原始资料检查登记表，对问题较多的调查小组应重点抽查，对出现的问题应及时做出补充或给出其他处理意见。③生产单位应组织质量检查组对野外和室内工作质量进行检查。野外检查工作量大于总工作量的

0.5%～1%，室内检查工作量应大于总工作量的10%，其中包括对项目组检查内容不少于10%的抽查。

生产单位除工作过程中进行质量检查外，在野外工作结束前，要派质量检查组对野外工作进行全面质量检查，并对各级的质检工作以及全部原始资料进行评价和验收，写出验收文据。

2.野外验收前的资料整理

野外验收前的资料整理是在野外工作结束后，全面整理各项野外实际工作资料，检查核实其完备程度和质量，整理野外工作手图和编制各类综合分析图、表，编写调查工作小结。

需要整理的资料包括以下内容：

（1）各种原始记录本、表格、卡片和统计表。

（2）实测的地质、地貌、水文地质、工程地质和勘探剖面图。

（3）各项原位测试、室内试验、鉴定分析资料和勘探试验资料。

（4）典型影像图、摄影和野外素描图。

（5）物探解释成果图，物探测井、井深曲线及推断解释地质柱状图及剖面图，物探各种曲线、测试成果数据、物探成果报告。

（6）各类图件，包括野外工程地质调查手图、地质略图、研究程度图、实际材料图、各类工程布置图、遥感图像解释地质图等。

3.最终成果资料整理

最终成果资料的整理是在野外验收后进行，要求内容完备，综合性强，文、图、表齐全。

具体包括以下内容：

（1）对各种实际资料进行整理分类、统计和数学处理，综合分析各种工程地质条件、因素及其间的关系和变化规律。

（2）编制基础性、专门性图件和综合工程地质图。

（3）编写工程地质测绘调查报告。

（二）成果编制

1.工程地质测绘图件绘制

实际材料图：主要反映测绘过程中的观测点、线的布置，测绘成果及测绘中的物探、勘探、取样、观测和地质剖面图的展布等内容。该图是绘制其他图件的基础图件。

岩土体的工程地质分类图：主要反映岩土体各工程地质单元的地层时代、岩性和主要的工程地质特征（包括结构和强度特征等），以及它们的分布和变化规律。对于特殊的岩土体和软弱夹层、破碎带可放大表示。该图还应附有工程地质综合柱状图或岩土体综合工程地质分类说明表、代表性的工程地质剖面图等。

工程地质分区图：在调查分析工作区工程地质条件的基础上，按工程地质特性的异同性进行分区评价的成果图件。工程地质分区的原则和级别要因地制宜，主要根据工作区的特点并考虑工作区的经济发展规划的需要来确定。一级区域应依据对工作区工程地质条件起主导作用的因素来划分，二级区域应依据影响动力地质作用和环境工程地质问题的主要因素来划分，三级区域可根据对工作区主要岩土工程问题和环境工程地质问题的评价来划分，四级区域可根据岩土分层及岩土体的物理力学指标来划分。

综合工程地质图：全面反映工作区的工程地质条件、工程地质分区、工程地质评价的综合性图件。图面内容包括岩土体的工程地质分类及其主要工程地质特征，地质构造（主要是断裂）、新构造（特别是现今活动的构造和断裂）和地震，地貌与外动力地质现象和主要地质灾害，人类活动引起的环境地质、岩土工程问题，水文地质要素，工程地质分区及其评价等内容。

2.工程地质测绘报告的编写

工程地质测绘报告是对测区的工程地质条件进行详细描述，并作出综合性评价，为工程建设选址提供地质依据。工程地质测绘报告的编写要求真实、客观、全面、简明扼要。

工程地质测绘报告的内容主要包括：序言，自然地理、地质概况（自然地理概况、地质概况、资源概况），区域工程地质条件（地形地貌、地质构造、地层岩性、水文地质条件、不良地质现象、人类工程活动、天然建筑材料与其他地质资源等），专门性环境工程地质问题（视情况定内容），工程地质分区（分区原则、分区评价与预测），结论与建议，附图和附表。

第二节　岩土工程勘探技术

一、地球物理勘探

地球物理勘探是利用专门的仪器来探测各种地质体物理场的分布情况，并对其数据及绘制的曲线进行分析解释，从而划分地层，判定地质构造、水文地质条件及各种不良地质现象的勘探方法，又称为物探工程，常用在可行性研究阶段。

由于地质体具有不同的物理性质（导电性、弹性、磁性、密度、放射性等）和不同的物理状态（含水率、空隙性、固结状态等），它们为利用物探方法研究各种不同的地质体和地质现象的物理场提供了前提。通过量测这些物理场的分布和变化特征，结合已知的地质资料进行分析研究，就可以达到推断地质性状的目的。

物探工程具有速度快、设备轻便、效率高、成本低、地质界面连续等特点，但具有多解性。因此，在工程勘察中应与其他勘探工程（钻探和坑探）等直接方法结合使用。作为钻探的先行手段，可用于了解隐蔽的地质界线、界面或异常点（如基岩面、风化带、断层破碎带、岩溶洞穴等）；作为钻探的辅助手段，在钻孔之间增加地球物理勘探点，为钻探成果的内插、外推提供依据；作为原位测试手段，可测定岩土体的波速、动弹性模量、动剪切模量、卓越周期、电阻率、放射性辐射参数、土对金属的腐蚀性等参数。

（一）工作准备

1.物探测试方法和适用范围

（1）物探测试方法及适用范围：物探工程的种类很多，在岩土工程勘察中运用最普遍的是电阻率法和地震折射波法。近年来，地质雷达和声波测井的运用效果较好。

（2）电阻率法在岩土工程勘察中的应用：电阻率法是依靠人工建立直流电场，在地表测量某点垂直方向或水平方向的电阻率变化，从而推断地表下地质体性状的方法。常用来测定基岩埋深，探测隐伏断层、破碎带，探测地下洞穴，探测地下或水下隐埋物体。

在岩土工程勘察中主要用于：①确定不同的岩性，进行地层岩性的划分；②探查褶皱构造形态，寻找断层；③探查覆盖层厚度、基岩起伏及风化壳厚度；④探查含水层的分布情况、埋藏深度及厚度，寻找充水断层及主导充水裂隙方向；⑤探查岩溶发育情况及滑坡体的分布范围；⑥寻找古河道的空间位置。

在使用电阻率法时应注意以下几点：①地形比较平缓，具有便于布置极距的一定范围；②被探查地质体的大小、形状、埋深和产状必须在人工电场可控制的范围之内，且电阻率较稳定，与围岩背景值有较大异常；③场地内应有电性标准层存在；④场地内无不可排除的电磁干扰。

（3）地震折射波法在岩土工程勘察中的应用：地震折射波法是通过人工激发的地震波在地壳内传播的特点来探查地质体的一种物探方法。

在岩土工程勘察中运用最多的是高频（<200Hz）地震波浅层折射法，可以研究深度在100m以内的地质体。地震勘探仪器一般都应具备3个基本部分，即地面振动传感器（地震检波器）、地震信号放大和数据变换（采集站）、中央记录系统（磁带机、记录显示设备）。

在岩土工程勘察中主要用于：①测定覆盖层的厚度，确定基岩的埋深和起伏变化；②追索断层破碎带和裂隙密集带；③研究岩石的弹性性质，测定岩石的动弹性模量和动泊松比；④划分岩体的风化带，测定风化壳厚度和新鲜基岩的起伏变化。

在使用地震折射波法时应注意以下几点：①地形起伏较小；②地质界面较平坦，断层破碎带少，且界面以上岩石较均一，无明显高阻层屏蔽；③界面上下或两侧地质体有较明显的波速差异。

2.熟知相关技术要求

（1）应用地球物理勘探方法时，应具备下列条件：①被探测对象与周围介质之间有明显的物理性质差异；②被探测对象具有一定的埋藏深度和规模，且地球物理异常有足够的强度；③能抑制干扰，能区分有用信号和干扰信号；④在有代表性地段进行方法的有效性试验。

（2）地球物理勘探应根据探测对象的埋深、规模及其与周围介质的物性差异，选择有效的方法。

（二）现场作业

1.测线布置及测地工作

（1）根据勘察区内的地形地貌，按照设计要求进行布置，测线走向根据需要安排。

（2）用GPS进行测点定位。

（3）在测定工作时，应选定好坐标系。

2.野外数据采集

工程物探数据的野外采集是工程物探工作的关键，不同的方法可采用不同的设备来采集。

（三）资料整理及推断解释

（1）分离和压制妨碍分辨有效波的干扰波。

（2）工程物探资料的分析、解释成果还必须与钻探、原位测试、室内试验成果等进行对比、验证。

野外采集的有关数据需通过内业的分析、计算，解释成工程地质资料。以弹性波勘探方法为例，首先，要分离和压制妨碍分辨有效波的干扰波，保留能够解决某一特定工程地质问题的有效波。从理论上说，可以通过硬件和软件来实现，但实际上分离和压制是有限度的，而干扰波的存在是普遍的。只有具有丰富的实践经验，才能在众多的测试数据中识别出干扰波和有效波，去伪存真，得到真实的解释成果。其次，由于物探方法的多解性，因此在实际工作中只有通过对比、验证、积累经验，才能避免假判、误判，造成解释成果出现较大的偏差，以促进分析、解释技术水平的提高。

二、坑探工程

（一）工作准备

1.熟知相关技术要求

（1）当钻探方法难以准确查明地下情况时，可采用探井、探槽进行勘探。在坝址、地下工程、大型边坡等勘察中，当需详细查明深部岩层性质、构造特征时，可采用竖井或平硐。

（2）探井的深度不宜超过地下水位。竖井和平硐的深度、长度、断面按工程要求确定。

（3）对于探井、探槽和探硐，除文字描述记录外，还应以剖面图、展示图等反映井、槽、硐壁和底部的岩性、地层分界、构造特征、取样和原位试验位置，并辅以代表性部位的彩色照片。

（4）坑探工程的编录应紧随坑探工程掌子面，在坑探工程支护或支撑之前进行。编录时，应于现场做好编录记录和绘制完成编录展示草图。

（5）探井、探槽完工后可用原土回填，每30cm分层夯实，夯实土干容重不小于15kN/m^3。有特殊要求时可采用低标号混凝土回填。

2.编制坑探工程设计书

坑探工程设计书包括以下内容：

（1）坑探工程的目的、型号和编号。

（2）坑探工程附近的地形、地质概况。

（3）掘进深度及其论证。

（4）施工条件：岩石及其硬度等级，掘进的难易程度，采用的掘进机械与掘进方法，地下水位，可能的涌水情况，应采取的排水措施，是否需要支护及支护材料、结构等。

（5）岩土工程要求：掘进过程中的编录要求及应解决的地质问题，对坑壁、底、顶板的掘进方法的要求，取样的地点、数量、规格和要求等，岩土试验的项目、组数、位置及掘进时应注意的问题，应提交的成果、资料及要求。

（6）施工组织、进度、经费及人员安排。

（二）现场观察与描述

现场观察与描述包括以下内容：

（1）量测探井、探槽、竖井、斜井、平硐的断面形态尺寸和掘进深度。

（2）地层岩性的划分与描述：注意划分第四系堆积物的成因、岩性、时代、厚度及空间变化和相互接触关系，基岩的颜色、成分、结构构造、地层层序以及各层间接触关系，应特别注意软弱夹层的岩性、厚度及其泥化情况。地层岩性的描述同前面工程地质测绘。

（3）岩石的风化特征及其随深度的变化、风化壳分带。

（4）岩层产状要素及其变化，各种构造形态；注意断层破碎带及节理、裂隙的发育；断裂的产状、形态、力学性质，破碎带的宽度、物质成分及其性质，节理裂隙的组数、产状、穿切性、延展性、裂隙宽度、间距（频度），有必要时作节理裂隙的素描图和统计测量。

（5）测量点、取样点、试验点的位置、编号及数据。

（6）水文地质情况：如地下水渗出点位置、涌水点及涌水量大小等。

（三）绘制坑道展示图

展示图是坑探工程编录的主要内容，也是坑探工程所需提交的主要成果资料。所谓展示图，就是沿坑探工程的壁、底面所编制的地质断面图，按一定的制图方法将三度空间的图形展开在平面上。由于它所表示的坑探工程成果一目了然，故在岩土工程勘探中被广泛应用。

不同类型坑探工程展示图的编制方法和表示内容有所不同，其比例尺应视坑探工程的规模、形状及地质条件的复杂程度而定，一般采用1：25～1：100。

1.探槽展示图

在绘制探槽展示图之前，应确定探槽中心线方向及其各段变化，测量水平延伸长度、槽底坡度，绘制四壁地质素描。绘制探槽展示图可用坡度展开法和平行展开法，其中平行展开法使用广泛，更适用于坡度直立的探槽。

2.浅井和竖井展示图

绘制浅井和竖井的展示图有四壁辐射展开法和四壁平行展开法。四壁平行展开法使用较多。

3.平硐展示图

平硐展示图绘制从硐口开始，到掌子面结束。其具体绘制方法是：按实测数据先绘出硐底的中线，然后依次绘制硐底、硐两侧壁、硐顶、掌子面，最后按底、壁、顶和掌子面对应的地层岩性和地质构造填充岩性图例与地质界线，并应绘制硐底高程变化线，以便于分析和应用。

三、钻探工程

（一）钻探的特点及作用

钻探是指用一定的设备、工具（即钻机）来破碎地壳岩石或土层，从而在地壳中形成一个直径较小、深度较大的钻孔（直径相对较大者又称为钻井），可取岩心或不取岩心来了解地层深部地质情况的过程，是岩土工程勘察中应用最为广泛的一种可靠的勘探方法。

1.特点

它可以在各种环境下进行，一般不受地形、地质条件的限制，能直接观察岩心和取样，勘探精度较高；能提供进行原位测试和监测工作，最大限度地发挥综合效益；勘探深度大，效率较高。但钻探工程耗费人力、物力较多，平面资料连续性较差，钻进和取样有时技术难度较大。

2.作用

随着勘察阶段的不同而不同，综合起来有如下几个方面：

（1）查明建筑场区的地层岩性、岩层厚度变化情况，查明软弱岩土层的性质、厚度、层数、产状和空间分布。

（2）了解基岩风化带的深度、厚度和分布情况。

（3）探明地层断裂带的位置、宽度和性质，查明裂隙发育程度及随深度变化的情况。

（4）查明地下含水层的层数、深度及其水文地质参数。

（5）利用钻孔进行灌浆、压水试验及土力学参数的原位测试。

（6）利用钻孔进行地下水位的长期观测，或对场地进行降水以保证场地岩土体的相关结构的稳定性（如基坑开挖时特殊要求降水或处理滑坡等地质问题）。

3.特殊要求

（1）岩土层是岩土工程钻探的主要对象，应可靠地鉴定岩土层名称，准确判定分层深度，正确鉴别土层天然的结构、密度和湿度状态。

（2）岩心采取率要求较高。

（3）钻孔水文地质观测和水文地质试验是岩土工程钻探的重要内容，借以了解岩土的含水性，发现含水层并确定其水位和涌水量大小，掌握各含水层之间的水力联系，测定岩土的渗透系数等。

（4）在钻进过程中，为了研究土的工程性质，经常需要采取岩土样。

（二）钻探技术要求

（1）当需查明岩土的性质和分布，采取岩土试样或进行原位测试时，可采用钻探、井探、硐探和地球物理勘探等。勘探方法的选取应符合勘察目的和岩土的特性。

（2）布置勘探工作时应考虑勘探对工程自然环境的影响，防止对地下管线、地下工程和自然环境的破坏。钻孔、探井和探槽完工后应妥善回填。

（3）静力触探、动力触探作为勘探手段时，应与钻探等其他勘探方法配合使用。

（4）进行钻探、井探、槽探和硐探时，应采取有效措施，确保施工安全。

（5）勘探浅部土层可采用的钻探方法有小口径麻花钻（或提土钻）钻进、小口径勺形钻钻进、洛阳铲钻进。

（6）钻探口径和钻具规格应符合现行国家标准的规定。成孔口径应满足取样、测试和钻进工艺的要求。

（7）钻探应符合下列规定：①钻进深度和岩土分层深度的量测精度不应低于±5cm。②应严格控制非连续取心钻进的回次进尺，使分层精度符合要求。③鉴别地层天然湿度的钻孔在地下水位以上应进行干钻，当必须加水或使用循环液时，应采用双层岩心管钻进。④岩心钻探的岩心采取率，对于完整和较完整岩体不应低于80%，对于较破碎和破碎岩体不应低于65%；对于需重点查明的部位（滑动带、软弱夹层等），应采用双层岩心管连续取心。⑤当需确定岩石质量指标时，应采用75mm口径双层岩心管和金刚石钻头。

（8）钻探现场编录柱状图应按钻进回次逐项填写，在每一回次中发现变层时应分行填写，不得将若干回次或若干层合并一行记录。现场记录不得撰录转抄，误写之处可以划去，在旁边进行更正，不得在原处涂抹修改。

（9）为便于对现场记录检查核对或进一步编录，勘探点应按要求保存岩土心样。土心应保存在土心盒或塑料袋中，每一回次至少保留一块土心。岩心应全部存放在心盒内，顺序排列，统一编号。岩土心样应保存到钻探工作检查验收为止。必要时应在合同规定的期限内长期保存，也可在检查验收结束后拍摄岩土心样的彩色照片，纳入勘察成果资料。

（10）钻孔完工后，可根据不同要求选用合适材料进行回填。临近堤防的钻孔应采用干泥球回填，泥球直径以2cm左右为宜。回填时应均匀投放，每回填2m进行一次捣实。对隔水有特殊要求时，可用4∶1水泥、膨润土浆液通过泥浆泵由孔底逐渐向上灌注回填。

（三）准备工作

1.收集资料

收集的资料包括建筑方提供的各种平面图（最好包括数字化电子版）、勘察技术要求等。勘察方还应收集场地区域地质资料、水文地质资料及周边建筑物情况等。

2.编制勘察纲要

勘察纲要是工程勘察工作的基础文件，通过技术交底等形式贯彻于勘察工作全过程。为规范勘察行业行为，提高岩土工程勘察成果质量，满足工程设计需要，各类岩土工程勘察在编写设计之前都应编写岩土工程勘察纲要或勘察大纲，纲要的制定对勘察评价的运行和实施具有重要的影响。因此，在编制纲要之前，对场地的工程地质条件和自然条件应有全面的掌握。

编制要求：应在充分搜集、分析已有资料和现场踏勘的基础上，依据勘察目的、任务和相应技术标准的要求，针对拟建工程的特点（如区域地质、工程性质、岩土体特性、不良地质等）有针对性地编写勘察工作纲要及工作计划，目的是指导勘察工作，预计勘察工作量，申请勘察经费。

3.确定勘探工程的施工顺序

（1）遵循的原则：科学合理地布置勘探工程施工顺序是顺利完成勘察工作任务的关键。在一个勘察区内，如果勘探施工顺序安排不当，即使投入过多工作量，也不能获得预期效果，必将造成浪费。勘探工程的合理施工顺序既能提高勘探效率，取得满意的成果，又能节约勘探工作量。因此，勘探工程的施工顺序是完成勘探任务的一个重要前提，在勘探工程总体布置的基础上，须重视和研究勘探工程的施工顺序问题。

各种勘探工程的施工顺序应遵循由已知到未知、先地面后地下、先浅后深、由稀而密的原则。

（2）确定第一批施工的勘探孔：一项建筑工程，尤其是场地地质条件复杂的重大工程，需要勘探解决的问题往往较多。由于勘探工程不可能同时全面施工，而必须分批进行，这就应根据所需查明问题的轻重主次，同时考虑到设备搬迁方便和季节变化，将勘探坑孔分为几批，按先后顺序施工。先施工的勘探坑孔必须为后继勘探坑孔提供进一步地质分析所需的资料，后施工的勘探坑孔应为前期施工坑孔补充未查明的问题。所以在勘探过程中应及时整理资料，并利用这些资料指导和修改后继坑孔的设计和施工。因此选定第一批施工的勘探坑孔具有重要的意义。

第一批施工的钻孔：①对控制场地工程地质条件具有关键作用和对选择场地有决定意义的坑孔；②建筑物重要部位的坑孔；③为其他勘察工作提供条件，而施工周期又比较长的坑孔；④在主要勘探线上的控制性勘探坑孔；④考虑到洪水的威胁，应在枯水期尽量先施工水上或近水的坑孔。

4.现场相关人员的安排

现场相关人员的安排主要包括：现场编录技术人员、报告编写人员和勘探施工机组人员及勘探设备物质的安排。

现场技术人员、报告编写人员及报告审核人员应召开勘察前的技术交底会议，充分了解建筑方提出的勘察技术要求，切实做好各项准备工作，制定完善的勘察纲要。现场编录技术人员会后应将勘察纲要交给拟进场的勘探施工机组的机长，向他们详细讲明勘察纲要上的各项内容和具体的技术要求，使他们做到心中有数。

勘探施工人员到单位后，勘探机长应按分工及时组织勘探施工人员做好相应的进场准备，同时应全面、透彻地了解勘察纲要的各项内容，不明之处一定要在勘探施工前向现场技术人员了解清楚。

5.领取勘探任务书

勘探任务书主要包括工程名称、建设单位、委托单位、勘察技术要求和拟建工程主要参数、提交的勘察资料等。在岩土工程勘探施工前，勘察技术人员应领取岩土工程勘察合同书、委托书、事先指示书等，明确勘察阶段线路、工作区域等，做到心中有数。在领取勘察任务书后方能开始勘察施工。由于区域差异，勘察任务书在表格设计上有所不同。

（四）钻探施工

1.现场踏勘

（1）熟悉场地周围地形，认清钻机进入拟建场地的进入路线。

（2）搜集或要求甲方提供附有坐标和地形的建筑总平面图，场区的地面整平标高（地势低洼的要进行回填抬高地面）。

（3）熟悉了解建筑物的工程性质，包括规模、荷载、结构特点、基础形式、埋深、允许变形等资料。对于在既有建筑物旁兴建新建筑物的邻（扩）建工程以及建筑物增层改造的工程，尚应查明既有建筑物的性质，如结构特点、基础类型、基础埋深（要特别强调指出是现地坪以下深度还是设计±0.00以下深度）、基础下垫层的材料、厚度、已使用年限、使用状况（良好、有裂缝或曾进行过加固）等。

（4）场地位于坡地上时，应查明天然坡度、有无临空面，满足评价其稳定性的要求；场地位于河道、水沟附近时，应查明其走向、宽度、深度、坡度，与拟建物的距离，满足稳定性评价的要求；场地内有防空洞时，应查明其分布、深度等；场地内局部分布沟坑时，应查明其填垫历史；场地内有待拆除旧建筑物时，应查明旧基础类型、垫层处理情况、基础埋深、范围等。

（5）查明场地内地上电线、通信系统、采暖系统、地下电缆、煤气管线、上下水管线等，对地下电缆等分布状况应由甲方签字确认。

（6）场地震害的调查，有无喷水冒砂现象发生，软土地区、古河道边缘的还应包括震陷、地裂等。

（7）水准点的位置、性质、高程（包括观测成果的年代），应由甲方签字确认。

一般应提供绝对高程，严格禁止采用假设高程。场地附近无绝对高程、甲方亦不能提供的，经甲方签字确认后可采用假设高程（仅限于三级工程），但位置应注意选择具有永久性的、其高度不会变动的地点，对于采用住宅楼、办公楼处的点，应以其室内地坪为宜。

（8）人工填土必须查明填垫年限。

（9）查阅拟建场地周围已有地质资料，为方案编写提供基本依据。

（10）设计符合满足工程勘察要求的任务书。

2.钻孔定位

（1）按建筑总平面图上的地形确定钻孔位置：①对于场地周围参照系明显的，直接按参照系确定孔位；②孔位受地形条件限制而移位时，将移位后的实际施工的孔位真实地反映在地形图（平面图）上；③严禁将移位后施工的孔位标注在方案设计孔位处。

（2）勘探点位的要求：①初步勘察阶段，平面位置允许偏差为±0.50m，高程允许偏差为±5cm；详细勘察阶段，平面位置允许偏差为±0.25m，高程允许偏差为±5cm。②勘探点位应设置有编号的标志桩号，开钻之前应按设计要求核对桩号及其实地位置，两者必须符合。③因障碍改变点位时，应将实际勘探位置标注在平面图上，并注明与原设计孔位的偏差距离、方位和地面高差。

（3）水准测量：①一般工程，场地附近无大沽（绝对）高程，引测相对高程时必须经甲方认定，其位置应具有永久性、标志性。②重点工程和各开发区必须引测大沽（绝对）高程。③若现场水准点未落实，应先引测一点（永久性），对每个钻孔进行孔口高程测量，待水准点落实后再对引测点进行高程测量。④测量结果必须经核实确认无误后方可使用。⑤在场地范围内最少设两个测站，并应进行闭合。⑥必须采用标准记录纸，起测水准点编号位置及高程必须详细准确标明，记录修改只能划改，保留原迹，不准涂擦。

3.钻机进场

钻机是在地质勘探中带动钻具向地下钻进，获取实物地质资料的机械设备，又称钻探机。其主要作用是带动钻具破碎孔底岩石，下入或提出在孔内的钻具，可用于钻取岩心、矿心、岩屑、气态样、液态样等，以探明地下地质和矿产资源等情况。

不同钻机有不同型号，如XY-1（100）表示的是立轴式钻机系列，勘探深度为100m。

钻孔定位后，钻机开进拟建场地，按钻孔定位位置安装好，并竖起钻塔。

挂好主动钻杆，清理立轴，并安装主动钻杆（又称为机上钻杆）。钻杆柱由主动钻杆、钻杆、接手（接头）组成。主动钻杆位于钻杆柱的最上部，上端连接水龙头，以便向孔内输送冲洗液。主动钻杆的断面形状有圆形、两方、四方、六方和双键槽形，便于卡盘夹持回转。

主动钻杆的长度一般是3.0～6.0m，直径常为42mm和50mm，钻杆用于传动回转、输送冲洗液、带动钻头向下钻进或连接取样器采取岩土样品或进行原位测试等。接手（接头）用于钻杆之间的连接。

4.钻探施工

（1）开孔：钻头或麻花钻开孔，常用钻头开口，开口直径一般比钻孔直径大一级，如钻孔直径为91mm，则开口直径为110mm，取土钻孔的孔径一般采用150mm钻头开孔，下护孔套管（6146mm，长度视杂填土厚度而定）后，换130mm螺旋钻头钻进，用110mm的取土器取土。

（2）钻进：采用人力或机械力（绝大多数情况下采用机械钻进），以冲击力、剪切力或研磨形式使小部分岩土脱离母体而成为粉末、小的岩土块或岩土心的现象，可采用全面钻进或取心钻进。采取岩土心或排除破碎岩土，必要时要用套管、泥浆或化学材料加固孔壁。

5.采取岩土试样

采取岩土试样是岩土工程勘察中必不可少的、经常性的工作，通过采取土样，进行土类鉴别，测定岩土的物理力学性质指标，为定量评价岩土工程问题提供技术指标。

取样之前，应考虑试样的代表性，从取样角度而言，应考虑取样的位置、数量和技术方法，考虑到取样的成本和勘察设计要求，必须采用合适的取样技术。

（1）选择取样方法：从取样方法来看，主要有两种方法：一种是从探井、探槽中直接刻取样品，另一种是用钻孔取土器从钻孔中采取。目前各种岩土样品的采取主要是采用钻孔取土器采样的方法。

钻孔中常用的取样方法有如下3种。

①击入法：是用人力或机械力操纵落锤，将取土器击入土中的取土方法。按锤击次数分为轻锤多击法和重锤少击法，按锤击位置又分为上击法和下击法。经过取样试验比较认为，就取样质量而言，重锤少击法优于轻锤多击法，下击法优于上击法。

②压入法：包括慢速压入法和快速压入法。

慢速压入法是用杠杆、千斤顶、钻机手把等加压，取土器进入土层的过程是不连续的。该法在取样过程中对土试样有一定程度的扰动。

快速压入法是将取土器快速、均匀地压入土中，采用这种方法对土试样的扰动程度最小。目前普遍使用以下两种：一种是活塞油压筒法，采用比取土器稍长的活塞压筒通以高压，强迫取土器以等速压入土中；另一种是钢绳、滑车组法，借机械力量通过钢绳、滑车装置将取土器压入土中。

③回转法：此法系使用回转式取土器取样，取样时内管压入取样，外管回转削切的废土一般用机械钻机通过冲洗液带出孔口。这种方法可减少取样时对土试样的扰动，从而提高取样质量。

（2）安装取土器：安装取土器，准备采取土样，对取土器取样的要求如下：①取土过程中不掉样；②尽可能使土样不受或少受扰动；③能够顺利切入土层中，结构简单且使用方便；④对于不同土试样，可采取不同类型的取土器，取土器是影响土样质量的重要因素。

（3）钻孔现场取样：钻进时应力求不扰动或少扰动预计至取样处的土层。为此应做到以下几点：①使用合适的钻具与钻进方法。一般应采用较平稳的回转式钻进。若采用冲击、振动、水冲等方式钻进时，应在预计取样位置1m以上改用回转钻进。在地下水位以上一般应采用干钻方式。②在软土、砂土中宜用泥浆护壁。若使用套管护壁，应注意旋入套管时管靴对土层的扰动，且套管底部应限制在预计取样深度以上大于3倍孔径的距离。③应注意保持钻孔内的水头等于或稍高于地下水位，以避免产生孔底管涌，在饱和粉、细砂土中尤应注意。

在钻孔中采取Ⅰ～Ⅱ级砂样时，可采用原状取砂器，并按相应的现行标准执行。在钻孔中采取Ⅰ～Ⅱ级土试样时，应满足下列要求：①在软土、砂土中宜采用泥浆护壁。如使用套管，应保持管内水位等于或稍高于地下水位，取样位置应低于套管底3倍孔径的距离。②采用冲洗、冲击、振动等方式钻进时，应在预计取样位置lm 以上改用回转钻进。③下放取土器前应仔细清孔，清除扰动土，孔底残留浮土厚度不应大于取土器废土段长度（活塞取土器除外）。④采取土试样宜用快速静力连续压入法。

（4）土试样现场检验、封装、贮存、运输：取土器提出地面之后，应小心地将土样连同容器（衬管）卸下，并及时交给土样工，由其打开取样器，取出土样，并清除土样表面的泥浆。

（5）探井、探槽取样的要求：探井、探槽中采取原状试样可采用两种方式：一种是锤击敞口取土器取样，另一种是人工刻切块状土样。后一种方法使用较多，因为块状土试样的质量高。

人工采用块状土试样一般应注意以下几点：①避免对取样土层的人为扰动破坏，开挖至接近预计取样深度时，应留下20～30cm厚的保护层，待取样时再细心铲除；②防止地面水渗入，井底水应及时抽走，以免浸泡；③防止暴晒导致水分蒸发，坑底暴露时间不能太长，否则会风干；④尽量缩短切削土样的时间，及早封装。

块状土试样可以切成圆柱状和方块状，也可以在探井、探槽中采取“盒状土样”，这种方法是将装配式的方形土样容器放在预计取样位置，边修切边压入，而取得高质量的土试样。

6.地下水位观测及采取水样

（1）地下水位观测：主要观测初见水位和静止水位，在观测水位时注意钻孔护壁。①钻进中遇到地下水时，应停钻量测初见水位，为测得单个含水层的静止水位，砂类土停钻时间不少于30min，粉土不少于1h，黏性土层不少于24h，并应在钻孔全部结束后同一天内量测各孔的静止水位。水位量测可使用测水钟或电测水位计，水位允许误差为±1.0cm。②钻孔深度范围内有两个以上的含水层，且钻探任务书要求分层量测水位时，在钻穿第一含水层并进行静止水位观测之后，应采用套管隔水，抽干孔内存水，变径钻进，再对下一个含水层进行水位观测。③因采用泥浆护壁影响地下水位观测时，可在场地范围内另外布置若干专用的地下水位观测孔，这些孔可改用套管护壁。

（2）地下水样的采集：①水样应在静止水位以下超过0.50m处采集，必要时应分层采集不同深度的水样，并应防止所采水样受到地表水和钻探用水的影响。②试样应能代表天然条件下的客观水质情况；采集钻孔、观测孔、民井和观测井、探井（坑）中刚从含水层进来的新鲜水。泉水应在泉口处取样。③取水容器一般为塑料瓶或带磨口玻璃塞的玻璃瓶，且取样前必须用蒸馏水清洗干净。取样时先用所取的水冲洗瓶塞和容器三次，然后将水样缓慢注入容器，且其顶部应留出10～20mm的空间。瓶口应采用石蜡封口，并做好采样记录，贴好水试样标签，填写送样清单，尽快送实验室进行检验。④水试样送检过程中应采取防冻及防爆晒措施，且存放期限不得超过水试样最大保存期限。清洁水放置时间不宜超过72h，稍受污染的水不宜超过48h，受污染的水不宜超过12h。⑤水试样采集数量：分析一般取水量为500～1000mL，全分析为2000～3000mL。为评价场地地下水对混凝土、钢结构的腐蚀性，应在同一场地至少采集3件水样进行试验分析。对于沿海地带和受污染的场地，应于不同地段采集具有代表性的足够件数的水试样。

7.现场试验

（1）圆锥动力触探：①轻型动力触探：适用于浅部的填土、砂土、粉土、黏性土。②重型动力触探：适用于砂土、中密以下的碎石土、极软岩。③超重型动力触探：适用于密实和很密的碎石土、软岩、极软岩。

（2）标准贯入试验：主要用于砂土、粉土和一般黏性土。

（3）抽水试验：必要时应进行抽水试验，用于测定岩土的水文地质参数。

第三节　岩土工程原位测试

一、概述

（一）岩土工程原位测试

岩土工程原位测试是指在岩土工程勘察现场，在不扰动或基本不扰动岩土层的情况下对岩土层进行测试，以获得所测的岩土层的物理力学性质指标及划分土层的一种现场勘测技术。其主要手段包括载荷试验、静力触探试验、动力触探试验等。

原位测试的目的在于获得有代表性的、反映现场实际的基本工程设计参数，包括岩土原位初始应力状态和应力历史、岩土力学指标、岩土工程参数等，在工程上有重要意义和广泛的应用。

优点：可在拟建工程场地进行测试，无须取样，避免了因取样带来的一系列问题。原位测试所涉及的岩土尺寸比室内试验样品要大得多，因而更能反映岩土的宏观结构（如裂隙等）对岩土性质的影响。所提供的岩土物理力学性质指标更具有代表性和可靠性。此外，具有快速、经济、可连续性等优点。

原位测试工作主要是获取岩土参数，将其提供给设计使用。应用原位测试方法时，应根据岩土条件、设计对参数的要求、地区经验和测试方法的适用性等因素选用，原位测试的仪器设备应定期检验和标定。分析原位测试成果资料时，应注意仪器设备、试验条件、试验方法等对试验的影响，结合地层条件，剔除异常数据。

根据原位测试成果，利用地区性经验估算岩土工程特性参数和对岩土工程问题作出评价时，应与室内试验和工程反算参数进行对比，检验其可靠性。

（二）原位测试的分类及适用范围

岩土工程原位测试是岩土工程勘察中不可缺少的一种勘察手段，为避免测试的盲目性，提高测试的应用效果，要熟练掌握岩土工程原位测试方法、适用条件、测试设备的机理、成果的应用。

二、载荷试验

（一）载荷试验

载荷试验是在保持地基土的天然状态下，在一定面积的刚性承压板上向地基土逐级施加荷载，并观测每级荷载下地基土的变形，它是测定地基土的压力与变形特性的一种原位测试方法。测试所反映的是承压板下1.5 ~ 2.0倍承压板直径或宽度范围内地基土强度、变形的综合性状。

载荷试验按试验深度分为浅层（适用于浅层地基土）和深层（适用于深层地基土和大直径的桩端土），按承压板形状分为圆形、方形和螺旋板（适用于深层地基土或地下水位以下的地基土），按载荷性质分为静力和动力载荷试验，按用途可分为一般载荷试验和桩载荷试验。深层平板载荷试验的试验深度不应小于5m。

载荷试验可适用于各种地基土，特别适用于各种填土及含碎石的土。

（二）试验设备

载荷试验设备主要由承压板、加荷装置、沉降观测装置组成。

1.承压板

（1）厚钢板，形状为圆形或方形，面积为0.1 ~ 0.5m^2。

（2）作用：将荷载传递到地基土上。

2.加荷装置

加荷装置分为载荷台式和千斤顶式两种。

载荷台式：木质或铁质载荷台架，在载荷台上放置重物，如钢块、铅块或混凝土试块、沙包等重物。

千斤顶式：油压千斤顶加荷，用地锚提供反力。采用油压千斤顶必须注意两点：一是油压千斤顶的行程必须满足地基沉降要求，二是入土地锚的反力必须大于最大荷载，以免地锚上拔。由于载荷试验加荷较大，因此加荷装置必须牢固可靠、安全稳定。

3.沉降观测装置

沉降观测装置可用百分表、沉降传感器或水准仪等。

（三）地基土载荷试验

1.准备工作

（1）布置试验点：①载荷试验应布置在有代表性的地点，每个场地不宜少于3个；②当场地内岩土体不均时，应适当增加；③浅层平板载荷试验应布置在基础底面标高处。

（2）选择承压板面积：①通常采用圆形刚性承压板，根据土的软硬或岩体裂隙密度选用合适的尺寸；②一般为0.25～0.5m^2。

关注点：土的浅层平板载荷试验承压板面积不应小于0.25m^2。对于均质、密实的土（如老堆积土、砂土）可采用0.1m^2，对于新近堆填土、软土和粒径较大的填土不应小于0.5m^2，土的深层平板载荷试验承压板面积宜为0.5m^2，岩石载荷试验承压板的面积不宜小于0.07m^2。

（3）开挖试坑宽度：

浅层平板载荷试验：试坑宽度或直径不应小于承压板宽度或直径的3倍。

深层平板载荷试验：试井直径应等于承压板直径。当试井直径大于承压板直径时，紧靠承压板周围土的高度不应小于承压板直径，但为了某种特殊目的，也可进行嵌入式载荷试验，即试坑宽度稍大于承压板宽度（每边宽出2cm）。

（4）保持试验湿度和结构：试坑或试井底的岩土应避免扰动，保持其原状结构和天然湿度。

（5）保护承压板：承压板与土层接触处应铺设不超过20mm的中砂垫层

找平，以保证承压板水平并与土层均匀接触。对于软塑、流塑状态的黏性土或饱和的松散砂，承压板周围应铺设20～30cm厚的原土作为保护层。

（6）降低水位：当试验标高低于地下水位时，为使试验顺利进行，应先将水位降至试验标高以下，并在试坑底部铺设一层厚5cm左右的中、粗砂，安装设备，待水位恢复后再尽快安装加荷试验设备。

2.现场试验

（1）确定加荷等级：荷载按等量分级施加，加荷等级宜取10～12级，并不应少于8级，每级荷载增量为预估极限荷载的1/10～1/8。

（2）现场观测沉降：相对稳定法每加一级荷载按5min、5min、10min、10min、10min、15min、15min计算，以后每隔30min观测一次沉降，直到当连读两小时每小时的沉降量不大于0.1mm为止，再施加下一级荷载；当试验对象是岩体时，间隔1min、2min、2min、5min测读一次沉降，以后每隔10min测读一次，当连续三次读数差小于或等于0.01mm时，可认为沉降已达到相对稳定标准，再施加下一级荷载。

快速法、自加荷操作历时的1/2开始，每隔15min观测一次，每级荷载保持2h。

（3）终止试验标准：当出现下列情况之一时，可终止试验：①承压板周边的土出现明显侧向挤出，周边岩土出现明显隆起或径向裂缝持续发展。②本级荷载的沉降量大于前级荷载沉降量的5倍，荷载与沉降曲线出现明显陡降。③在某级荷载下24h沉降速率不能达到相对稳定标准。④总沉降量与承压板直径（或宽度）之比超过0.06。

（4）回弹观测：分级卸荷，观测回弹值。分级卸荷量为分级加荷增量的2倍，15min观测一次，1h后再卸一级荷载，荷载完全卸除后，应继续观测3h。

（四）桩基载荷试验

桩基载荷试验的目的是采用接近与竖向抗压桩的实际工作条件的试验方法确定单桩竖向抗压极限承载力，对工程桩的承载力进行抽样检验和评价。

1.准备工作

（1）制作桩帽：桩帽混凝土强度应比桩身混凝土强度大一级，原桩头进入桩帽200mm，钢筋平均分配在桩中。

（2）安排检测时间：孔桩浇灌完，混凝土龄期达到28d后，开始试验。

（3）开挖基槽：①三根试验桩相互之间桩中心的间距在10m以上。②每根试验桩桩顶面标高1.2m范围内，平面内四个方向距桩中心10m范围内的砂卵石层不要开挖，以便进行试验。③距桩中心前后方向开挖宽为2.0m的基槽以摆放主梁。

（4）安装设备仪器

安装油压千斤顶：试验加载宜采用油压千斤顶。当采用两台及两台以上千斤顶加载时应并联同步工作，且应符合下列规定：①采用的千斤顶型号、规格应相同；②千斤顶的合力中心应与桩轴线重合。

安装加载反力装置：可根据现场条件选择锚桩横梁反力装置、压重平台反力装置、锚桩压重联合反力装置、地锚反力装置，并应符合下列规定：①加载反力装置能提供的反力不得小于最大加载量的1.2倍；②应对加载反力装置的全部构件进行强度和变形验算；③应对锚桩抗拔力（地基土、抗拔钢筋、桩的接头）进行验算，采用工程桩作锚桩时，锚桩数量不应少于4根，并应监测锚桩上拔量；④压重宜在检测前一次加足，并均匀稳固地放置于平台上；⑤压重施加于地基的压应力不宜大于地基承载力特征值的1.5倍，有条件时宜利用工程桩作为堆载支点。

安装荷载测量：用放置在千斤顶上的荷重传感器直接测定，或采用并联于千斤顶油路的压力表或压力传感器测定油压，根据千斤顶率定曲线换算荷载。传感器的测量误差不应大于1%，压力表精度应优于或等于0.4级。试验用压力表、油泵、油管在最大加载时的压力不应超过规定工作压力的80%。

安装沉降测量：宜采用位移传感器或大量程百分表，并应符合下列规定：①分辨力优于或等于0.01mm；②直径或边宽大于500mm的桩应在其两个方向对称安置4个位移测试仪表，直径或边宽小于或等于500mm的桩可对称安置2个位移测试仪表；③沉降测定平面宜在桩顶200mm以下位置，测点应牢固地固定于桩身；④基准梁应具有一定的刚度，梁的一端应固定在基准桩上，另一端应简支于基准桩上；⑤固定和支撑位移计（百分表）的夹具及基准梁应避免气温、振动及其他外界因素的影响。

2.现场检测

（1）熟知技术要求：①试桩的成桩工艺和质量控制标准应与工程桩一致；②桩顶部宜高出试坑底面，试坑底面宜与桩承台底标高一致；③对于作为锚桩用的灌注桩和有接头的混凝土预制桩，检测前宜对其桩身的完整性进行检测。

（2）逐级加载：加荷分级按预估的最大承载力分10级，按预估最大承载力的1/10进行逐级等量加载，第一级取两倍的级差进行加载。

（3）观测沉降：每级荷载施加后按第5min、10min、15min、30min、60min测读一次试桩沉降量，以后每隔30min测读一次，直至桩身沉降达到相对稳定标准，然后进行下一级加载。

（4）加下一级荷载：在每级荷载作用下，试桩1h内的变形量不大于0.1mm，且连续出现两次（从分级荷载施加后第30min开始，按1.5h连续三次每30min的沉降观测值计算），认为已达到稳定标准，则可以加下一级荷载。

（5）终止加载：当出现下列情况之一时，可终止加载试验：①试桩在某级荷载作用下的沉降量大于或等于前一级荷载沉降量的5倍时，停止加载；②试桩在某级荷载作用下的沉降量大于前一级荷载的2倍，且经24h尚未稳定；③桩周土出现破坏状态或已达到桩身材料的极限强度；④按总沉降量控制：当荷载-沉降曲线呈缓变形时，应按总沉降量控制，可根据具体要求控制至100mm以上；⑤达到锚桩最大抗拔力或压重平台的最大重量。

（6）卸载与卸载沉降观测：分级卸载，每级卸载量为每级加载量的2倍。每级荷载测读1h，按15min、30min、60min测读三次，卸载至零后，维持3h再测读一次稳定的残余沉降量。

三、静力触探试验

静力触探试验是用静力将探头以一定的速率压入土中，利用探头内的力传感器，通过电子量测仪器将探头受到的贯入阻力记录下来的一种原位测试方法。

由于贯入阻力的大小与土层的性质有关，因此通过贯入阻力的变化情况，可以达到了解土层工程性质的目的。

静力触探试验可根据工程需要采用单桥探头、双桥探头或带孔隙水压力量测的单、双桥探头，可测定贯入阻力、锥尖阻力、侧壁阻力和贯入时的孔隙水压力。静力触探试验适用于软土、一般黏性土、粉土、砂土和含少量碎石的土。

（一）准备工作

1.率定探头

求出地层阻力和仪表读数之间的关系，得到探头率定系数，一般在室内进行。新探头或使用一个月后的探头都应及时进行率定。

目前国内用的探头有3种：单桥探头（测定比贯入阻力）、双桥探头（测定锥头阻力和侧壁摩阻力）和三桥探头（测定锥头阻力、侧壁摩阻力和孔隙水压力）。

2.平整场地，固定主机

场地平整后，放平压力主机，使探头与地面垂直，设置反力装置（或利用车载重力），固定压力主机。反力装置通常采用以下方式。

（1）利用地锚作反力：当地表有一层较硬的黏性土覆盖层时，可以使用2～4个或更多的地锚作反力，视所需反力大小而定。锚的长度一般为1.5m，叶片的直径有多种，如25cm、30cm、35cm、40cm等，以适应各种情况。

（2）用重物作反力：如地表土为砂砾、碎石土等，地锚难以下入，此时只有采用压重物来解决反力问题，即在触探架上压上足够的重物，如钢轨、钢锭、生铁块等。软土地基贯入30m以内的深度，一般需压重物40～50kN。

（3）利用车辆自重作反力：将整个触探设备装在载重汽车上，利用载重汽车的自重作反力。贯入设备装在汽车上工作方便，工效比较高，但由于汽车底盘距地面过高，使钻杆施力点距离地面的自由长度过大，当下部遇到硬层而使贯入阻力突然增大时易使钻杆弯曲或折断，应考虑降低施力点距地面的高度。

3.安装设备

安装加压装置和量测设备，并用水准尺将底板调平。

（1）安装加压设备：根据实际情况可采用以下几种类型。

手摇式轻型静力触探：利用摇柄、链条、齿轮等用人力将探头压入土中。该法用于较大设备难以进入的狭小场地的浅层地基土的现场测试。

齿轮机械式静力触探：其结构简单，加工方便，既可单独落地组装，也可装在汽车上，但贯入力小，贯入深度有限。

全液压传动静力触探：分单缸和双缸两种，目前国内使用比较普遍，一般最大贯入力可达200kN。

（2）安装量测设备：根据实际情况可采用以下几种类型：①电阻应变仪：由稳压电源、振荡器、测量电桥、放大器、相敏检波器和平衡指示器等组成。②自动记录仪：能随深度自动记录土层贯入阻力的变化情况，并以曲线的方式自动绘在记录纸上，从而提高野外工作的效率和质量。③带微机处理的记录仪：近年来已有将静力触探试验过程引入微机控制的行列。

4.设备检查

接通仪器检查电源电压是否符合要求，检查仪表是否正常，检查探头外套筒及锥头的活动情况，保证各设备正常使用。

5.熟知试验技术要求

（1）探头圆锥锥底截面积应为10cm^2或15cm^2，单桥探头侧壁高度应为57mm或70mm，双桥探头侧壁面积应为150～300cm^2，锥尖锥角应为60°。

（2）探头测力传感器应连同仪器、电缆进行定期标定，室内探头标定测力传感器的非线性误差、重复性误差、滞后误差、温度漂移、归零误差均应小于1%，现场试验归零误差应小于3%，绝缘电阻不小于500MΩ。

（3）深度记录的误差不应大于触探深度的±1%。

（4）当贯入深度超过30m或穿过厚层软土后再贯入硬土层时，应采取措施防止孔斜或断杆，也可配置测斜探头量测触探孔的偏斜角，校正土层界线的深度。

（5）孔压探头在贯入前，应在室内保证探头应变腔为已排除气泡的液体所饱和，并在现场采取措施保持探头的饱和状态，直至探头进入地下水位以下的土层为止。在孔压静探试验过程中不得上提探头。

（6）当在预定深度进行孔压消散试验时，应量测停止贯入后不同时间的孔压值，其计时间隔由密而疏合理控制。试验过程中不得松动探杆。

（二）现场试验

1.接通电源

将仪表与探头接通电源，打开仪表和稳压电源开关，使仪器预热15min。

2.仪器调零

根据土层软硬情况，确定工作电压，将仪器调零，并记录孔号、探头号、标定系数、工作电压及日期。

3.测读初始读数

先压入0.5m，稍停后提升10cm，使探头与地温相适应，记录仪器初读数。试验中，每贯入10cm测记读数一次，以后每贯入3～5m要提升5～10cm，以检查仪器初读数。

4.匀速贯入

探头应匀速、垂直地压入土中，贯入速度控制在1.2m/min。

四、圆锥动力触探

圆锥动力触探是用一定质量的重锤，以一定高度的自由落距，将标准规格的圆锥形探头贯入土中，根据打入土中一定距离所需的锤击数，对土层进行力学分层，判定土的力学特性，对地基土作出工程地质评价的原位测试方法。该法具有勘探和测试的双重功能。

通常以打入土中一定距离所需的锤击数来表示土层的性质，也有以动贯入阻力来表示土层的性质。其优点是设备简单、操作方便、工效较高、适应性强，并具有连续贯入的特点。对于难以取样的砂土、粉土、碎石类土等土层而言，圆锥动力触探是十分有效的勘探测试手段。缺点是不能采样，不能对土进行直接鉴别描述，试验误差较大，再现性较差。如将探头换为标准贯入器，则称为标准贯入试验。

圆锥动力触探试验可分为轻型、重型和超重型3种。轻型动力触探的优点是轻便，对于施工验槽、填土勘察、查明局部软弱土层及洞穴分布具有实用价值。重型动力勘探是应用最广泛的一种，其规格与国际标准一致。

（一）准备工作

1.安装探头、穿心锤及提引设备

探头为圆锥形，锥角为60° ，探头直径为40～74mm。

穿心锤为钢质圆柱形，中心圆孔略大于穿心杆3～4mm。提引设备，轻型动力触探采用人工放锤，重型及超重型动力触探采用机械提引器放锤，提引器主要有球卡式和卡槽式两类。

2.安装触探架

触探架应保持平稳，触探孔要垂直。

（二）现场试验

1.自由连续锤击

将穿心锤提至一定高度，自由下落并尽量连续贯入，以防锤击偏心、探杆倾斜晃动，同时须保证一定的锤击速率。

2.转动钻杆

每贯入1m，宜将探杆转动一圈半；当贯入深度超过10m时，每贯入20cm宜转动探杆一次。

3.量测读数

记录贯入深度和一阵击的贯入量及相应的锤击数。

五、标准贯入试验

标准贯入试验简称标贯，它是利用一定的锤击动能（重型触探锤质量为63.5±0.5kg，落距为76±2cm），将一定规格的对开管式的贯入器打入钻孔孔底的土中，根据打入土中的贯入阻力判别土层的变化和土的工程性质。贯入阻力用贯入器贯入土中30cm的锤击数N（也称为标准贯入锤击数N）表示。

标准贯入试验是动力触探测试方法中最常用的一种，其设备规格和测试程序在世界上已趋于统一。它与圆锥动力触探测试的区别主要是探头不同。标准贯入探头是空心圆柱形的，常称为标准贯入器。

标准贯入试验要结合钻孔进行，国内统一使用直径为42mm的钻杆，国外也有使用直径为50mm的钻杆或60mm的钻杆。

标准贯入试验的优点在于设备简单，操作方便，土层的适应性广，除砂土外对硬黏土及软土岩也适用，而且贯入器能够携带扰动土样，可直接对土层进行鉴别描述。标准贯入试验适用于砂土、粉土和一般黏性土。

（一）准备工作

（1）安装标准贯入器、触探杆、穿心锤、锤垫及自动落锤装置等仪器。

（2）安装触探架，应保持平稳，触探孔垂直。

（二）现场试验

1.自由连续贯入

先用钻具钻至试验土层标高以上0.15m处，清除孔底残渣。当在地下水位以下土层进行试验时，保持孔内水位略高于地下水位，以免出现涌砂和塌孔。当孔壁不稳定时，应下套管泥浆护壁，应保证一定的锤击速率。

2.将贯入器放入孔内

注意保持贯入器、钻杆、导向杆连接后的垂直度。孔口宜加导向器，以保证穿心锤中心受力。

3.量测读数

将贯入器以每分钟击打15～30次的频率先打入土中15cm后，不计锤击数，然后开始记录每打入10cm的锤击数和累计打入30cm的锤击数（标准贯入试验锤击数N），并记录贯入深度与试验情况。

4.提出贯入器

取贯入器中的土样进行鉴别、描述记录，并测量其长度。将需要保存的土样仔细包装、编号，以备试验用。

重复1~4步骤，进行下一深度的标准贯入测试，直至所需深度。一般每隔1m进行一次标贯试验。

若遇密实土层，锤击数超过50击而贯入深度未达30cm时，不应强行打入，可记录50击的实际贯入深度，将其换算成相当于30cm的标准贯入试验锤击数，并终止试验。

六、十字板剪切试验

（一）十字板剪切试验

十字板剪切试验是将插入软土中的十字板头以一定的速率旋转，在土层中形成圆柱形的破坏面，测出土的抵抗力矩，从而换算土的抗剪强度。

该法主要用于原位测定饱和软黏土的不排水抗剪强度和估算软黏土的灵敏度。试验深度一般不超过30m。为测定软黏土不排水抗剪强度随深度的变化，十字板剪切试验的布置对于均质土试验点竖向间距可取1m，对非均质或夹薄层粉细砂的软黏土可依据静力触探资料确定。

优点：①不用取样，特别是对于难以取样的灵敏度高的软黏土，比其他方法测得的抗剪强度指标都可靠；②野外测试设备轻便，容易操作；③测试速度较快，效率高，成果整理简单。

缺点：对于较硬的黏性土和含有砾石、杂物的土不宜采用。

（二）试验仪器和设备

1.机械式

机械十字板每做一次剪切试验后都要清孔，费工费时，工效较低。机械式十字板力的传递和计量均依靠机械的能力，需配备钻孔设备，成孔后下放十字板进行试验。

2.电测式

电测式十字板是用传感器将土抗剪破坏时力矩大小转变成电信号，并用仪器量测出来。电测式十字板常用的为轻便式十字板、静力触探两种，不用钻孔设备。试验时，直接将十字板头以静力压入土层中，测试完后再将十字板压入下一层继续试验，实现连续贯入，可比机械式十字板测试效率提高5倍以上，测试精度较高。

3.试验仪器

测力装置开口钢环式测力装置。十字板头，国内外多采用矩形十字板头，径高比为1 ： 2的标准型，板厚宜为2 ~ 3mm，常用的规格有50mm × 100mm和75mm × 150mm两种。前者适用于稍硬黏性土。

（三）准备工作

1.安装仪器设备

（1）仪器设备到位。

（2）将钢环进行率定，率定时应逐级加荷和卸荷，测记相应的钢环变形，至少重复3次，以3次量表读数的平均值为标准（差值不超过0.005mm）。

2.熟知试验技术要求

（1）钻孔要求平直、垂直、不弯曲，应配用Φ33mm和Φ42mm专用十字板试验探杆。

（2）钢环最大允许力矩为80kN · m。

（3）十字板板头形状宜为矩形，径高比为1：2，板厚宜为2 ~ 3mm，十字板头插入钻孔底的深度不应小于钻孔或套管直径的3 ~ 5倍。

（4）十字板插入至试验深度后，至少应静止2 ~ 3min方可开始试验。

（5）扭转剪切速率宜采用（1° ~ 2° ）/10s，并应在测得峰值强度后继续测记1min。

（6）在峰值强度或稳定值测试完后，顺扭转方向连续转动6圈后，测定重塑土的不排水抗剪强度。

（7）对于开口钢环十字板剪切仪，应修正轴杆与土间摩阻力的影响。

（四）现场试验

1.开孔、下套管、清孔

（1）用回转钻机开孔（不宜用击入法），下套管至预定试验深度以上3～5倍套管直径处。

（2）用螺旋钻或提土器清孔，孔内虚土不宜超过15cm。在软土钻进时，应在孔中保持足够水位，以防止软土在孔底涌起，并保证一定的锤击速率。

2.连接板头、轴杆、钻杆，并接上导杆

将板头徐徐压至试验深度，管钻不小于75cm，螺旋钻不小于50cm，若板头压至试验深度遇到较硬夹层时，应穿过夹层再进行试验。

3.装上百分表

套上传动部件，转动手柄使特制键自由落入键槽，将指针对准任一整数刻度，装上百分表并调整到零。

4.开始试验

开动秒表，同时转动手柄，以每度10s的转速均匀转动，每转1° 测记百分表读数一次，当测记读数出现峰值或读数稳定后，再继续测记1min，其峰值或稳定读数即为原状土剪切破坏时百分表的最大读数，最大读数一般在3～10min出现。

5.量测读数

逆时针方向转动手柄，拔下特制键，导杆装上摇把，顺时针方向转动6圈，使板头周围土完全扰动，然后插上特制键，按第4步进行试验，测记重塑土剪切破坏时百分表的最大读数（0.01mm），拔下特制键和支爪，上提导杆2～3cm，使离合齿脱离，再插上支爪和特制键，转动手柄，测记土对轴杆摩擦时百分表的稳定读数。

6.试验完毕，卸除各种设备

卸下传动部件和底座，在导杆吊孔内插入吊钩，逐节取出钻杆和板头，清洗板头，并检查板头螺丝是否松动、轴杆是否弯曲，若一切正常，便可按上述步骤继续进行试验。

七、旁压试验

旁压试验是通过旁压器在竖直的孔内加压，使旁压膜膨胀，并由旁压膜（或护套）将压力传给周围土体（或软岩），使土体产生变形直至破坏，并通过量测装置测得施加的压力与岩土体径向变形的关系，从而估算地基土的强度、变形等岩土工程参数的一种原位试验方法。它也是岩土工程勘察中的一种常用的原位测试技术。

旁压试验可分为预钻式和自钻式，适用于黏性土、粉土、砂土、碎石土、残积土、极软岩和软岩等。

（一）准备工作

1.安装仪器设备

将旁压仪（预钻式横压仪）中的旁压器（圆筒状可膨胀的探头）、控制加压系统（液压）和孔径变形量测系统（电测位移计）三部安装好。

2.校正仪器

进行弹性模约束力和仪器综合变形的率定。

3.平整场地

必要时，可先钻1～2个孔，以了解土层的分布情况。

4.注水

（1）将蒸馏水或干净的冷开水注满水箱。

（2）向旁压器和变形测量系统注水。

5.了解试验技术要求

（1）旁压试验应在有代表性的位置和深度进行，旁压器的量测腔应在同一土层内。试验点的垂直间距应根据地层条件和工程要求确定，但不宜小于

1m，试验孔与已有钻孔的水平距离不宜小于1m。

（2）预钻式旁压试验应保证成孔质量，钻孔直径与旁压器直径应良好配合，防止孔壁坍塌；自钻式旁压试验的自钻钻头、钻头转速、钻进速率、刀口距离、泥浆压力和流量等应符合有关规定。

（3）加荷等级可采用预期临塑压力的1/7～1/5，初始阶段加荷等级可取小值，必要时可做卸荷再加荷试验，测定再加荷旁压模量。

（4））每级压力应维持1min或2min后再施加下一级压力。维持1min时，加荷后15s、30s、60s测读变形量；维持2min时，加荷后15s、30s、60s、120s测读变形量。

（二）现场试验

1.成孔

（1）钻孔直径比旁压器外径大2～6mm。

（2）尽量避免对孔壁土体的扰动，保持孔壁土体的天然含水量。

（3）孔呈规则的圆形，孔壁应垂直光滑。

（4）在取过原状土样和经过标贯试验的孔段以及横跨不同性质土层的孔段，不宜进行旁压试验。

（5）最小试验深度、连续试验深度的间隔、离取原状土钻孔或其他原位测试孔的间距，以及试验孔的水平距离等均不宜小于1m。

（6）钻孔深度应比预定的试验深度深35cm（试验深度自旁压器中腔算起）。

2.调零和放入旁压器

（1）将旁压器垂直举起，使旁压器中点与测管零刻度水平。

（2）打开调零阀，把水位调整到零位后，立即关闭调零阀、测管阀和辅管阀。

（3）把旁压器放入钻孔预定测试深度处，此时旁压器中腔不受静水压力，弹性膜处于不膨胀状态。

3.进行测试

（1）打开测管和辅管阀，此时旁压器内产生静水压力，该压力即为第一级压力。稳定后，读出测管水位下降值。

（2）可采用高压打气筒加压和氮气加压两种方式逐级加压，并测记各级压力下的测管水位下降值。

（3）加压等级宜取预估临塑压力的1/7～1/5，以使旁压曲线大体有10个点，方能保证测试资料的真实性。

（4）加荷后按15s、30s、60s或15s、30s、60s、120s读数。

4.终止试验

（1）加荷接近或达到极限压力。

（2）量测腔的扩张体积相当于量测腔的固有体积，避免弹性膜破裂。

（3）采用国产PY2-A型旁压仪，当量管水位下降刚达36cm时（绝对不能超过40cm），即应终止试验。

（4）法国GA型旁压仪规定，当蠕变变形等于或大于50cm^{3}或量筒读数大于600cm^{3}时应终止试验。

5.试验记录

试验记录内容包括工程名称、试验孔号、深度、所用旁压器型号、弹性膜编号及其率定结果、成孔工具、土层描述、地下水位、正式试验时的各级压力及相应的测管水位下降值等。

八、抽水试验

抽水试验是岩土工程勘察中查明建筑场地的地层渗透性，测定有关水文地质参数常用的方法之一。根据勘察目的、要求和水文地质条件的差异可采用不同的抽水试验类型。

（一）抽水试验的类型

（1）根据试验方法和孔数分为单孔抽水试验、多孔抽水试验、群孔干扰抽水试验、试验性开采抽水试验。

（2）根据试验段长度与含水层厚度关系分为完整孔、非完整孔。

（3）根据抽水孔抽取的含水层部位分为分层抽水试验、混合抽水试验。

（4）根据抽水试验的水量、水位与时间的关系分为稳定流抽水试验、非稳定流抽水试验。岩土工程勘察中大量采用的是稳定流抽水试验。

（二）抽水试验的技术要求

按照规范要求，抽水试验应符合下列规定：

（1）抽水试验方法可根据渗透系数的应用范围具体选用不同的方法。

（2）抽水试验宜三次降深，最大降深应接近工程设计所需的地下水位降深的标高。

（3）水位量测应采用同一方法和仪器，读数时，抽水孔的单位为厘米，观测孔的单位为毫米。

（4）当涌水量与时间关系曲线、动水位与时间的关系曲线在一定范围内波动而没有持续上升和下降时，可认为已经稳定。

（5）抽水结束后应量测恢复水位。

第四节　现场检测（验）与监测

一、概述

（一）现场检测与监测

现场检测与监测是指在工程施工和使用期间进行的一些必要的检验与监测，是岩土工程勘察的一个重要环节。其目的在于保证工程的质量和安全，提高工程效益。

现场检测是指在施工阶段对勘察成果的验证核查和对施工质量的监控，

主要包括两个方面：一是验证核查岩土工程勘察成果与评价建议，二是对岩土工程施工质量的控制与检验。

现场监测是指在岩土工程勘察、施工以及运营期间，对工程有影响的不良地质现象、岩土体性状和地下水进行监测。监测主要包含3方面的内容：①对施工和各类荷载作用下岩土体反映性状的监测；②对施工和运营过程中结构物的监测；③对环境条件的监测。

根据现场检测与监测所获得的数据，可以预测一些不良地质现象的发展演化趋势及其对工程建筑物的可能危害，以便采取防治对策和措施；也可以通过“足尺试验”进行反分析，求取岩土体的某些工程参数，以此为依据及时修正勘察成果，优化工程设计，必要时应进行补充勘察；对岩土工程的施工质量进行监控，可保证工程的质量和安全。可见，现场检测与监测在提高工程的经济效益、社会效益和环境效益方面，起着十分重要的作用。

（二）现场检测与监测的技术要求

现场检测和监测应做好记录，并进行整理和分析，提交报告。现场检测和监测的一般规定如下：

（1）现场检测和监测应在工程施工期间进行。对于有特殊要求的工程，应根据工程特点，确定必要的项目，在使用期内继续进行。

（2）现场检测和监测的记录、数据和图件应保持完整，并应按工程要求整理分析。

（3）现场检测和监测的资料应及时向有关方面报送。当监测数据接近危及工程的临界值时，必须加密监测，并及时报告。

（4）现场检测和监测完成后，应提交成果报告。报告中应附有相关曲线和图纸，并进行分析评价，提出建议。

（三）现场检测与监测的内容

现场检测与监测的内容主要包括地基基础的检验与监测、不良地质作用和地质灾害的监测、地下水的监测等。对于有特殊要求的工程，应根据工程的特点，确定必要的项目，在使用期内继续进行监测。

二、天然地基基坑（槽）的检测与监测（验槽）

（一）验槽的目的、任务及要求

（1）检验勘察报告所述各项地质条件及结论、建议是否正确，是否与基槽开挖后的地质情况相符。①核对基槽施工位置、平面尺寸、基础埋深和槽底标高是否满足设计要求；②核对基坑岩土分布及其性质和地下水情况。

（2）根据开槽后出现的异常地质情况，提出处理措施或修改建议。槽底基础范围内若遇到异常情况时，应结合具体地质、地形地貌条件提出处理措施。必要时可在槽底进行轻便钎探。当施工揭露的地基土条件与勘察报告有较大出入时，可有针对性地进行补充勘察。

（3）解决勘察报告中的遗留问题。

（二）无法验槽的情况

有下列条件之一者，不能达到验槽的基本要求，则无法验槽：①基槽底面与设计标高相差太大；②基槽底面坡度较大，高差悬殊；③槽底有明显的机械车辙痕迹，槽底土扰动明显；④槽底有明显的机械开挖、未加人工清除的沟槽、铲齿痕迹；⑤现场没有详勘阶段的岩土工程勘察报告或附有结构设计总说明的施工图阶段的图纸。

（三）推迟验槽的情况

有下列情况之一时，应推迟验槽或请设计方说明情况：

（1）设计所使用承载力和持力层与勘察报告所提供的信息不符。

（2）场地内有软弱下卧层而设计方未说明相应的原因。

（3）场地为不均匀场地，勘察方需要进行地基处理而设计方未进行处理。

（四）现场检验（验槽）

1.清槽

验槽前要清槽，应注意以下几点：

（1）设计要求应把槽底清平，槽身修直，土清到槽外。

（2）观察及钎探基槽的过软、过硬部位，要挖到老土。

（3）柱基如有局部加深，必须将整个基础加深，使整个基础做到同一标高。条形基础基槽内局部有问题，必须按槽的宽度挖齐。

（4）槽外如有坟、坑、井等，如在槽底标高以下基础侧压扩散角范围内时，必须挖到老土，加深处理。

（5）基槽加深部分如果挖土较深，应挖成阶梯形。

2.观察验槽

以现场目测为主，采用先总体再局部的原则，先进行全面的目测，检测已挖地基的土质是否合乎设计要求，检测基槽边坡的稳定性，检测地下水位，了解降排水措施及其对基槽的影响。

（1）察看结构说明和地质勘察报告，对比结构设计所用的地基承载力、持力层与报告所提供的信息是否相同。

（2）询问、察看建筑位置是否与勘察范围相符。

（3）察看场地内是否有软弱下卧层。

通过目测，辅以袖珍贯入仪，逐段逐个或按每个建筑物单元详细检查基槽底土质是否与勘察报告中所提持力层相符，要特别注意基底有无填土及其分布。

3.现场钎探或触探

（1）当存在持力层明显不均匀，浅部有软弱下卧层，有浅埋的坑穴、古墓、古井等时，可采用轻型动力触探进行验证，必要时进行取样试验或进行施工勘察，以检测地基土是否与勘察报告书描述一致，持力层是否受人为扰动（施工扰动、浸水软化等）。通过钎探，了解基底土层的均匀性，基底下是否存在空穴、古墓、古井、防空掩体及地下埋设物的位置深度、性状，审阅、分析研究钎探记录，找出异常钎探点及其分布规律并分析其原因。

（2）坑底如发现有泉眼涌水，应立即堵塞（如用短木棒塞住泉眼）或排水加以处理，不得任其浸泡基坑。

（3）对需要处理的墓穴、松土坑等，应将坑中虚土挖除到坑底和四周都见到老土为止，然后用与老土压缩性相近的材料回填；在处理暗浜等时，先把淤泥、杂物清除干净，然后用石块或砂土分层夯填。

（4）基底土处理妥善后，进行基底抄平，做好垫层，再次抄平，并弹出基础墨线，以便砌筑基础。

（五）基坑监测

基坑开挖应根据设计要求进行监测，当基坑开挖较深或地基土较软弱时，可根据工程需要布置监测工作。

1.编制基坑工程监测方案

编制基坑工程监测方案的内容有支护结构的变形，基坑周边的地面变形，邻近工程和地下设施的变形，地下水位，渗漏、冒水、冲刷、管涌等情况。

2.现场监测

（1）基坑底部回弹监测。

①现场踏勘：首先，了解场地的实际现状（必要时需做适当平整）、基坑开挖的范围和场地周围建筑物（含堆载物）及地下管线（设施）的分布情况，并在现状地形图（比例尺为1∶200或1∶500）上标注。其次，根据基坑形状和规模以及工程勘察报告和设计要求，确定回弹监测点数量和位置以及埋设深度，然后选择高程基准点和工作基点的位置。

②布设回弹监测标点：其数量和位置根据基坑的形状及开挖规模，以较少的工作量，力求均匀地控制地基土的回弹量和变化规律。

监测标点布设：沿基坑纵横中心轴线及其他重要位置成对称布置，并在基坑外一定范围内（基坑深度的1.5～2.0倍）布设部分测点。点距一般为10～15m，也可根据需要而定。对于圆形（或椭圆形）基坑，一般可类似于上列方形（或矩形）的基坑进行布设。当地质条件复杂或基坑周围建筑物繁杂或有重堆载物体的情况下，还必须根据基坑开挖的实际情况增加测点的数量。当布设的测点遇有地下管线或其他地下构筑物时，应避开并移设到与之对称的空位上。

布置高程基准点和工作基点：一般选择在基坑外相对稳定处设置，根据基坑形状和规模至少应设置4个工作基点，以便于独立引测（减少测站数）回监测点的高程。

埋设回弹标志：必须在基坑开挖前埋设完毕，并同时测定出各标志点顶的标高。埋设方法：钻孔成孔→钻进→清理孔底残渣→安上回弹标志至孔底→重锤击入法，把测标打入土→卸下钻杆并提出。

（2）相关要求：①成孔要求：用SH-30型或DPP-100型工程钻机，成孔时要求孔位准确（应控制在10cm以内），孔径要小于b127mm，钻孔必须垂直，孔底与孔口中心的偏差不超过5cm。②钻进要求：采用跟管钻进（套管直径与孔径相应），孔深控制在基坑底设计标高下20cm左右。钻孔达到深度后，用钻具清理孔底使其无残土。③回弹标志要求：去钻头，安上回弹标志下至孔底，采用重锤击入法，把测标打入土中，并使回弹标志顶部低于基坑底面标高20cm左右，以防止基坑开挖时标志被破坏。要使标志圆盘与孔底土充分接触，而后卸下钻杆并提出。④基坑开挖前回弹监测标志点的标高引测一般是逐点进行的。⑤基坑开挖后回弹监测。

（3）基坑支护系统工作状态的监测。其主要任务是对支护结构的位移（包括竖向位移、水平位移）和支撑结构轴力（内力）监测，支护结构的位移可采用几何测量法实现。

（六）资料整理

1.整理检验与监测记录

（1）整理基槽复验记录表和基坑验槽检查记录表。

（2）整理基坑回弹监测点面位置图、回弹监测成果表、地基土回弹等值线图和基坑纵横中心轴线回弹剖面图。检测记录表和图件。

2.编写检验与监测报告

（1）编写验槽报告。其主要内容包括岩土描述、槽底土质平面分布图、基槽处理竣工图、现场测试记录及检验报告。验槽报告是岩土工程的重要技术档案，应做到资料齐全、及时归档。

（2）编写基坑回弹监测成果技术报告。结合场地地质条件、基坑开挖的过程和施工工艺等因素，对基坑地基土回弹规律进行综合分析，提出基坑回弹监测成果技术报告。

第五章　深基坑工程设计与施工

第一节　基坑工程设计与施工概述

一、概念

基坑工程问题是一个古老而又具有时代特点的岩土工程问题。放坡开挖和简易木桩支护可以追溯到远古时期，随着人类文明的进步，人们为改善生存条件而频繁从事的土木工程活动促进了基坑工程的发展。特别是自20世纪中叶以来，随着国内外大量高层建筑及地下工程的兴建，相应的基坑工程数量不断增多，与此同时，各类用途的地下空间和设施也得到了空前的发展，包括高层建筑地下室、地铁、隧道、地下商业街等各种形式。建造这些地下空间和设施必须进行大规模的深基坑开挖，这样对基坑工程的要求越来越高，出现的问题也越来越多，这为合理设计与施工基坑工程提出了许多紧迫而重要的研究课题。

基坑支护既是一个综合性的岩土工程问题，又是涉及土层与支护结构共同作用的复杂问题。它具有地域性、综合性、实践性和风险性。由于深基坑工程设计理论的不足和施工中各种情况的不确定性，造成当前深基坑工程的支护设计与施工存在“半理论半经验”的状况。

据有关资料统计，深基坑工程事故的发生率一般占基坑工程数量的20%左右，有一些城市甚至占到30%。其中有一部分的原因就是支护结构受到破坏，甚至支撑失效。2008年，杭州地铁湘湖站深基坑工程发生大面积坍塌事故，人员伤亡和经济损失都很惨重。这就说明必须对基坑支护结构的受力变形有很深的了解，必须引起足够的重视，才有可能避免类似的工程事故发生。

基坑支护体系一般包括两部分：挡土体系和止水降水体系。基坑支护结构一般要承受土压力和水压力，起到挡土和挡水的作用。一般情况下，支护结构和止水帷幕共同形成止水体系。但还有两种情况：一种是止水帷幕自成止水体系，另一种是支护结构本身也起止水帷幕的作用，如水泥土重力式挡墙和地下连续墙等。工程中常用的基坑支护结构有土钉墙、水泥土墙、地下连续墙、排桩、逆作拱墙、原状土放坡或采用上述形式的组合。设计时应根据每种支护结构形式的特点进行选型。

支护结构选型还应考虑结构的空间效应和受力特点，采用有利于支护结构材料受力性状的形式。软土场地可采用深层搅拌、注浆，间隔或全部加固等方法对局部或整个基坑底土进行加固，或采用降水措施提高基坑内侧被动土的抗力。基坑围护结构的形式按施工方法的不同主要有以下几种：放坡开挖及土钉墙、水泥土挡墙、混凝土灌注桩、地下连续墙、SMW（Soil Mixing Wall）工法桩和钢板桩等。

基坑工程包括基坑支护体系设计与施工及土方开挖，是一项综合性很强的系统工程，它要求岩土工程和结构工程人员密切配合。基坑支护体系是临时结构，在地下工程施工完成后，基坑支护体系就不再需要了。

二、特点

（一）安全储备较小，具有较大的风险性

一般情况下，基坑支护是临时措施，地下室主体施工完成时，支护体系即完成任务。与永久性结构相比，在强度、变形、防渗、耐久性等方面的要求较低一些，安全储备要求小一些，因此具有较大的风险性。再加上建设方对基坑工程认识上的偏差，为降低工程费用，对设计提出一些不合理的要求，实际的安全储备可能会更小一些。同时，基坑工程在施工过程中应进行

监测，并有相应的应急措施。施工过程中一旦出现险情，需要及时抢救。

（二）制约因素多

基坑工程与自然条件的关系较为密切，设计、施工中必须全面考虑气象、工程地质及水文地质条件及其在施工中的变化，充分了解工程所处的工程地质及水文地质、周围环境与堆坑开挖的关系及相互影响。基坑工程作为一种岩土工程，受到工程地质和水文地质条件的影响很大，区域性强。我国幅员辽阔，地质条件变化很大，有软土、砂性土、砾石土、黄土、膨胀土、红土、风化土和岩石等，不同地层中的基坑工程所采用的围护结构体系差异很大，即使是在同一个城市，不同的区域也有差异。

另外，基坑工程围护结构体系除受地质条件制约以外，还会受到相邻的建筑物、地下构筑物和地下管线等的影响，周边环境的容许变形量、重要性等也会成为基坑工程设计和施工的制约因素，甚至成为基坑工程成败的关键，因此，基坑工程的设计和施工应根据基本的原理和规律灵活应用，不能简单引用。

（三）计算理论不完善

基坑工程作为地下工程，所处的地质条件复杂，影响因素众多，人们对岩土力学性质的了解还不深入，很多设计计算理论（如岩土压力、岩土的本构关系等）还不完善，还是一门发展中的学科。

作用在基坑支护结构上的土压力不仅与位移的大小、方向有关，还与时间有关。目前，土压力理论还很不完善，实际设计计算中往往采用经验取值，或者按照朗肯土压力理论或库仑土压力理论计算，然后再根据经验进行修正。在考虑地下水对土压力的影响时，是采用水土压力合算还是分算更符合实际情况，在学术界和工程界认识还不一致，各地制定的技术规程或规范中的规定也不尽相同。

实践发现，基坑工程具有明显的时空效应，基坑的深度和平面形状对基坑支护体系的稳定性和变形有较大的影响。土体所具有的流变性对作用于围护结构上的土压力、土坡的稳定性和支护结构变形等有很大的影响。

岩土结构模型目前已多得数以百计，但真正能获得实际应用的模型寥寥无几，即使获得了实际应用，但和实际情况还是有较大的差距。

（四）综合性知识经验要求高

基坑工程的设计和施工不仅需要岩土工程方面的知识，也需要结构工程方面的知识。同时，基坑工程中的设计和施工是密不可分的，设计计算的工况必须和施工实际的工况一致才能确保设计的可靠性。所有设计人员必须了解施工，施工人员必须了解设计。设计计算理论的不完善和施工中的不确定因素会增加基坑工程失效的风险，所以，需要设计、施工人员具有丰富的现场实践经验。

（五）环境效应问题

基坑开挖势必引起周围地基中地下水位的变化和应力场的改变，导致周围地基土体的变形，对相邻建（构）筑物及地下管线产生影响。有的将危及相邻建（构）筑物及地下管线的安全及正常使用，因此必须引起足够的重视。另外，基坑工程施工产生的噪声、粉尘、废弃的泥浆、渣土等也会对周围环境产生影响，大量的土方运输也会对交通产生影响。因此，应对基坑工程的环境效予以重视。

第二节　基本规定

一、设计原则

（1）基坑支护设计应规定其设计使用期限。基坑支护的设计使用期限不应少于1年。

（2）基坑支护应满足下列功能要求：保证基坑周边建（构）筑物、地下管线、道路的安全和正常使用，保证主体地下结构的施工空间。基坑支护设计应综合考虑基坑周边环境和地质条件的复杂程度、基坑深度等因素。对同一基坑的不同部位，可采用不同的安全等级。

（3）支护结构设计应采用下列极限状态：

①承载能力极限状态：支护结构构件或连接因超过材料强度而破坏，或因过度变形而不适于继续承受荷载，或出现压屈、局部失稳；支护结构及土体整体滑动；坑底土体隆起而丧失稳定；对于支挡式结构，坑底土体丧失嵌固能力而使支护结构推移或倾覆；对于锚拉式支挡结构或土钉墙，土体丧失对锚杆或土钉的锚固能力；重力式水泥土墙墙体倾覆或滑移；重力式水泥土墙、支挡式结构因其持力土层丧失承载能力而破坏；地下水渗流引起的土体渗透破坏。

②正常使用的极限状态：造成基坑周边建（构）筑物、地下管线、道路等损坏或影响其正常使用的支护结构位移；因地下水位下降、地下水渗流或施工因素造成基坑周边建（构）筑物、地下管线、道路等损坏或影响其正常使用的土体变形；影响主体地下结构正常施工的支护结构位移；影响主体地下结构正常施工的地下水渗流。

（4）基坑支护设计应按下列要求设定支护结构的水平位移控制值和基坑

周边环境的沉降控制值：①当基坑开挖影响范围内有建筑物时，支护结构水平位移控制值、建筑物的沉降控制值应按不影响其正常使用的要求确定，并应符合现行国家标准中对地基变形允许值的规定；当基坑开挖影响范围内有地下管线、地下构筑物、道路时，支护结构水平位移控制值、地面沉降控制值应按不影响其正常使用的要求确定，并应符合现行相关规范对其允许变形的规定。②当支护结构构件同时用作主体地下结构构件时，支护结构水平位移控制值不应大于主体结构设计对其变形的限值。③当无本条第①②项情况时，支护结构水平位移控制值应根据地区经验按工程的具体条件确定。

（5）基坑支护应按实际的基坑周边建筑物、地下管线、道路和施工荷载等条件进行设计。设计中应提出明确的基坑周边荷载限值、地下水和地表水控制等基坑使用要求。

（6）基坑支护设计应满足下列主体地下结构的施工要求：①基坑侧壁与主体地下结构的净空间和地下水控制应满足主体地下结构及防水的施工要求。②采用锚杆时，锚杆的锚头及腰梁不应妨碍地下结构外墙的施工。③采用内支撑时，内支撑及腰梁的设置应便于地下结构及防水的施工。

（7）支护结构按平面结构分析时，应按基坑各部位的开挖深度、周边环境条件、地质条件等因素划分设计计算剖面。对于每一计算剖面，应按其最不利条件进行计算。对于电梯井、集水坑等特殊部位，宜单独划分计算剖面。

（8）基坑支护设计应规定支护结构各构件施工顺序及相应的基坑开挖深度。基坑开挖各阶段和支护结构使用阶段，均应符合本小节第（3）条、第（4）条的规定。

（9）在季节性冻土地区，支护结构设计应根据冻胀、冻融对支护结构受力和基坑侧壁的影响采取相应的措施。

二、设计内容

设计主要包括如下内容：围护墙嵌固深度计算，基坑底部土体的抗隆起稳定性验算，基坑底部土体的抗管涌稳定性验算，围护墙的抗倾覆稳定性验算，基坑整体稳定验算，围护墙结构的内力及变形计算，支撑体系的结构内力、变形及稳定性计算，支撑竖向立柱的结构内力、变形及稳定性计算，围护墙、支撑等构件的截面设计，基坑开挖对周围环境的影响估算。

三、影响土压力大小及分布形式的因素

施工中，影响土压力大小及分布形式的因素主要有3点：土的类型及状态、挡土结构位移的方向和大小、挡土结构的刚度。

四、稳定性验算

稳定性验算指的是分析基坑周围土体或土体与围护体系一起保持稳定性的能力。基坑边坡的坡度太陡，围护结构的插入深度太浅，或支撑力不够，都有可能导致基坑丧失稳定性而破坏。基坑的失稳破坏可能缓慢发展，也有可能突然发生。有的有明显的触发原因（如振动、暴雨、超载或其他人为因素），有的却没有明显的触发原因，这主要是由土的强度逐渐降低引起安全度不足造成的。基坑破坏模式根据时间可分为长期失稳和短期失稳。根据基坑的形式又可分为有支护基坑破坏和无支护基坑破坏。其中有支护基坑围护形式又可分为刚性围护、无支撑柔性围护和带支撑柔性围护。各种基坑围护形式因为作用机理不同，因而具有不同的破坏模式。

基坑可能的破坏模式在一定程度上揭示了基坑的失稳形态和破坏机理，是基坑稳定性分析的基础。基坑的失稳形态可归纳为两类：因基坑土体强度不足、地下水渗流作用而造成基坑失稳，包括基坑内外侧土体整体滑动失稳、基坑底土隆起、地层因承压水作用而引起管涌与渗漏等；因支护结构（包括桩、墙、支撑系统等）的强度、刚度或稳定性不足引起支护系统破坏而造成基坑倒塌、破坏。

（1）根据围护形式不同，基坑的第一类失稳形态主要表现为如下一些模式：

①放坡开挖基坑由于设计不合理、坡度太陡，或雨水、管道渗漏等原因造成边坡渗水，导致土体抗剪强度降低，从而引起基坑边土体整体滑坡。

②刚性挡土墙基坑。刚性挡土墙是水泥土搅拌桩、旋喷桩等加固土组成的宽度较大的一种重力式基坑围护结构，其破坏形式有如下几种：由于墙体的入土深度不足，或由于墙底存在软弱土层、土体抗剪强度不够等原因，墙体随附近土体整体滑移破坏。由于基坑外挤土施工，如坑外施工挤土桩或者坑外超载作用（如基坑边堆载、重型施工机械行走等）引起墙后土体压力增加，墙体向坑内倾覆。当坑内土体强度较低或坑外超载时，墙底变形过大或整体刚性移动。

③内支撑基坑。内支撑基坑是指通过在坑内架设混凝土支撑或者钢支撑来减小柔性围护墙变形的围护形式，其主要破坏形式如下：因为坑底土体压缩模量低、坑外超载等原因，围护墙踢脚产生很大的变形。在含水地层（特别是有砂层、粉砂层或者其他透水性较好的地层），由于围护结构的止水设施失效，大量的水夹带砂粒涌入基坑，严重的水土流失会造成支护结构失稳和地面塌陷的严重事故，还可能先在墙后形成空穴而后突然发生地面塌陷。由于基坑底部土体的抗剪强度较低，坑底土体随围护墙踢脚向坑内移动，产生隆起破坏。在承压含水层上覆隔水层中开挖基坑时，由于设计不合理或者坑底超挖，承压含水层的水头压力冲破基坑底部土层，发生坑底突涌破坏。在砂层或者粉砂地层中开挖基坑时，降水设计不合理或者降水井点失效后，导致水位上升，会产生管涌，严重时会导致基坑失稳。在超大基坑，特别是长条形基坑（如地铁站、明挖法施工隧道等）内分区放坡挖土，由于放坡较陡、降雨或其他原因导致滑坡，冲毁基坑内先期施工的支撑及立柱，导致基坑破坏。

④拉锚基坑。由于围护墙插入深度不够，或基坑底部超挖，基坑踢脚破坏；由于设计锚杆太短，锚杆和围护墙均在滑裂面以内，与土体一起呈整体滑移，致使基坑整体滑移破坏。

（2）基坑第二类失稳形态根据破坏类型主要表现如下：①围护墙破坏。此类破坏模式主要是由于设计或施工不当造成围护墙强度不足引起的围护墙剪切破坏或折断，导致基坑整体破坏。例如，挡土墙剪切破坏，柔性围护墙墙后土压力较大，而围护墙插入较好土层或者少加支撑，导致墙体应力过大，使围护墙折断，基坑向坑内塌陷。②支撑或者拉锚破坏。该类破坏主要是因为设计支撑或拉锚强度不足，造成支撑或拉锚破坏，导致基坑失稳。③墙后土体变形过大引起的破坏。该类破坏主要是因为围护墙刚度较小，造成墙后土体产生过大变形，危及基坑周边既有构筑物，或者使锚杆位移，或产生附加应力，危及基坑安全。

锚杆基坑的破坏形式可参考拉锚基坑，此处不再赘述。本节主要阐述为避免第一类基坑失稳形态而需要进行的验算项目及验算方法，根据基坑可能的失稳破坏模式，稳定性验算的主要内容包括整体稳定性验算、抗滑移验算、抗倾覆稳定性验算、抗隆起稳定验算以及渗流稳定性验算等。

基坑支护体系整体稳定性验算的目的就是要防止基坑支护结构与周围土体整体滑动失稳破坏，它在基坑支护设计中是需要经常考虑的一项验算内容。

①整体稳定性分析的条分法：当基坑周围场地空旷、环境条件允许时，基坑坑壁可采用放坡开挖的形式。边坡稳定分析中比较常用的是基于极限平衡理论的条分法。条分法分析边坡稳定在力学上是超静定的，因此在应用时一般对条间力要作各种各样的假定，由此也产生了不同名称的方法。

条分法可作如下概括：

第一，传统的瑞典圆弧滑动法在平缓边坡和高孔隙水压情况下进行有效应力法分析边坡稳定性时非常不准确，所计算的安全系数太低。此法的安全系数在“$\phi=0$”分析中是相当精确的，而在采用圆弧滑裂面的总应力法分析时也是比较精确的。此法不存在数值分析问题。

第二，简化毕肖普法在所有情况下都是精确的（除了遇到数值分析问题情况）。其缺点在于滑裂面仅为圆弧滑裂面以及有时会遇到数值分析问题。如果使用简化毕肖普法计算获得安全系数比由瑞典圆弧法在同样的圆弧滑动面上计算的安全系数小，那么可以推定毕肖普法中存在数值分析问题，在这种情况下，瑞典圆弧法的计算结果要比毕肖普法的计算结果更可靠。鉴于此，同时采用瑞典圆弧法和毕肖普法进行计算并比较是一个合理的做法。

第三，仅使用力的平衡而不考虑力矩平衡的条分方法，其计算结果对所假定的条间力方向极为敏感，不合适的条间力假定将可能导致安全系数出错。这类方法同样存在数值分析困难问题。

第四，满足全部平衡条件（力、力矩）的方法在任何情况下都是精确的（除非遇到数值分析问题），这些方法计算的结果误差不超过12%，相对于可认为是正确的结果的误差一般不会超过6%，不过所有这些方法都存在数值分析问题。

②具体设计计算方法：瑞典圆弧滑动条分法由于仅能满足整个滑动土体的整体力矩平衡条件，而不满足其他平衡条件，由此产生的误差一般会使求出的安全系数偏低10%～20%，而且随着滑裂面圆心角和孔隙压力的增大而增大，但此法应用的时间很长，积累了丰富的工程经验，一般得到的安全系数偏低（即偏于安全），故目前仍然是工程中常用的方法。具体计算方法详见各章相关部分。

第三节　锚喷支护

一、概述

锚杆支护作为一种支护方式，与传统的支护方式有着根本的区别。传统的支护方式常常是被动地承受坍塌岩体土体产生的荷载，而锚杆可以主动地加固岩土体，有效地控制其变形，防止坍塌的发生。

（一）锚杆支护的作用原理

锚杆是将受拉杆件的一端（锚固段）固定在稳定地层中，另一端与工程构筑物相联结，用以承受由于土压力、水压力等施加于构筑物的推力，从而利用地层的锚固力以维持构筑物（或岩土层）的稳定。锚杆外露于地面的一端用锚头固定：一种情况是锚头直接附着在结构上并满足结构的稳定，另一种情况是通过梁板、格构或其他部件将锚头施加的应力传递于更为宽广的岩土体表面。

对于锚固作用原理的认识，可归纳为两种不同的理论：一种是建立在结构工程概念上，其基本特征是“荷载-结构”模式。把岩土体中可能破坏坍塌部分的重量作为荷载，由锚喷支护承担。其中锚杆支护的悬吊理论最具有代表性，该理论要求锚杆长度穿越塌落高度，把坍塌的岩石悬吊起来。土层锚杆设计主要还是应用这类理论。

对于岩层锚杆则是建立在岩体工程概念上，充分发挥围岩的自稳能力，防止围岩破坏。支护与适时、合理的施工步骤相结合，主要作用在于控制岩体变形和位移，改善岩体应力状态，提高岩体强度，使岩体与支护共同达到新的平衡稳定。这一类型的理论按照岩体工程概念，采用岩体力学、岩体工程地质学的方法，对岩体进行稳定性分析及锚固支护加固效果分析。

（二）锚杆支护的特点

岩土锚固通过埋设在地层中的锚杆，将结构物与地层紧紧地联系在一起，依赖锚杆与周围地层的抗剪强度传递结构物的拉力或使地层自身得到加固，以保持结构物和岩土体稳定。

与其他支护形式相比，锚杆支护具有以下特点：①提供开阔的施工空间，极大地方便土方开挖和主体结构施工。②锚杆施工机械及设备的作业空间不大，适合各种地形及场地。③对岩土体的扰动小，在地层开挖后能立即提供抗力，且可施加预应力，控制变形发展。④锚杆的作用部位、方向、间距、密度和施工时间可以根据需要灵活调整。⑤用锚杆代替钢或钢筋混凝土支撑，可以节省大量钢材，减少土方开挖量，改善施工条件，尤其对于面积很大、支撑布置困难的基坑。⑥锚杆的抗拔力可通过试验来确定，可保证设计有足够的安全度。

二、常用锚杆类型

常用锚杆类型主要有拉力型锚杆与压力型锚杆两种类型。

锚杆受荷后，杆体总是处于受拉状态。拉力型与压力型锚杆的主要区别在于，锚杆受荷后其固定段内的灌浆体分别处于受拉或者受压状态。

拉力型锚杆的荷载是依赖其固定段杆体与灌浆体接触的界面上的剪应力由顶端向底端传递。锚杆工作时，固定段的灌浆体容易出现张拉裂缝，防腐蚀性能差。

压力型锚杆则借助特制的承载体和无黏结钢绞线或带套管钢筋使之与灌浆体隔开，将荷载直接传至底部的承载体，从而由底端向固定段的顶端传递。由于其受荷时固定段的灌浆体受压，不宜开裂，适用于永久性锚固工程。

在同等荷载条件下，拉力型锚杆固定段上的应变值要比压力型锚杆的大，但是压力型锚杆的承载力受到灌浆体抗压强度的限制，若仅采用一个承载体，承载力不太高。

三、锚杆内的荷载传递

（一）从杆体到灌浆体的荷载传递

由于岩体与杆体（钢绞线、钢丝、钢筋）的强度特性较容易掌握，因而杆体与灌浆体、灌浆体与地层间的结合就成为主要研究内容。况且，灌浆体与岩层间的黏结是岩层锚固中最薄弱的环节，这种黏结包括以下3个因素：

（1）着力。即杆体钢材表面与灌浆体间的物理黏结。当锚固段发生位移时，这种抗力会消失。

（2）机械连锁。由于钢筋有螺纹、凹凸等存在，故在灌浆体中形成机械连锁，同黏着力一起发生作用。

（3）摩擦力。这种摩擦力的形成与夹紧力及钢材表面的粗糙度成函数关系。摩擦力系数的量值取决于摩擦力是否发生在沿接触面位移之前或位移过程中。

大量试验证实，随着对锚杆施加荷载的增加，杆体与灌浆体结合应力的最大值移向固定段的下端，并以渐进的方式发生滑动并改变结合应力的分布。随着杆内荷载的增加，沿锚固长度以类似于摩擦桩的方式转移结合应力。黏着力并不作用在整个锚固长度段上，黏着力最初仅在锚固段的近端发生作用；当近端的黏着力被克服时就会产生滑动，大部分结合应力逐渐传入锚固段远端，而锚固段近端的摩擦力只起很小的作用。

（二）各类岩土层中锚杆的荷载传递特点

1.岩石中的锚杆

锚杆灌浆体与锚杆孔壁岩石间的黏结力取决于岩石与灌浆体的强度、孔壁的粗糙度及清孔质量。随着锚固长度的增大，所要求的黏结强度就会按比例降低。一般认为，可按岩石无侧限抗压强度的10%来粗略估计灌浆体与岩石间的极限黏结力。

试验证明，拉力沿锚杆长度传递到岩层的应力分布是不均匀的。在荷载作用下，锚杆近端的黏结力先发挥作用，随着荷载的增大，锚杆近端的黏结局部破坏，并随着荷载进一步增大，黏结破坏逐渐向锚杆根部发展。

2.砂性土中的锚杆

砂性土的锚杆、灌浆体与土体的黏结强度通常大于土体的抗剪强度。这是由于水泥浆的渗透使实际的锚固体直径大于钻孔的直径，同时由于水泥浆的高压渗透使得锚固体表面产生横向压力，提高了土体与锚固体间的摩擦力。德国的Ostermayer证实，锚固体表面的法向应力可以增大到上覆盖土层所产生应力的2～10倍。

Ostermayer指出，当锚固长度超过7m后，锚杆的极限抗拔力增长较小，在砂性土中锚杆的最佳长度为6～7m，并提出在砂性土中临界锚固长度为6m，超过这一长度，极限抗拔力增加有限。

从Ostermayer得到的试验曲线可得到如下结论：很密的砂的最大表面摩擦力值分布在很短的锚杆长度范围内，但在松砂和中密砂中，摩擦力的分布接近于理论假定的均匀分布的情况。随着荷载的增加，摩擦力峰值向锚杆根部转移。较短锚杆的摩擦力平均值大于较长锚杆表面的平均值。砂的密实度对锚杆承载力影响极大，从松砂到密实的砂，其表面摩擦力值要增加5倍。

注浆压力对砂土中锚杆承载力的影响很大。试验表明，当注浆压力不超过4MPa时，锚杆承载力随着灌浆压力的增大而增大。

3.黏性土中的锚杆

黏性土中锚杆锚固体与黏土的平均摩阻力随土的强度增加和塑性减小而增加，随锚固长度增加而减小。在进行二次或多次灌浆后，水泥浆液在锚固段周边土体中渗透、扩散，形成水泥土，提高了土体的抗剪强度和锚固体与土的摩阻力。灌浆压力越高，灌浆量越大，则锚固体与土之间的摩阻力增加幅度越大。

四、锚杆的材料

（1）锚杆杆体材料的基本要求：锚杆杆体可使用各种钢筋、高强钢丝、钢绞线、中空螺纹钢管等钢材来制作。岩土锚固工程对锚杆杆体有如下要求：①强度高。在锚杆的张拉和使用过程中，受多种因素影响，会产生预应力损失，而钢材强度越高，预应力损失率越小。②有较好的塑性和良好的加工性能。由于锚杆要在相当长的时间内保持预加应力，最理想的是在具有高强度的同时具有较少量的松弛损失，要求预应力筋具有足够的塑性性能。在施工过程中，预应力筋不可避免地会产生弯曲，在锚具中会受到较高的局部应力，因此要求钢材满足一定的拉断伸长率和弯折次数的规定。③对于钢筋还需要有良好的焊接性能。④耐腐蚀性好，尤其是永久性锚杆。⑤几何尺寸误差小，便于控制预加应力。⑥钢绞线要求伸直性好，便于穿索，有利于施工，在不绑扎的情况下切断应不易松散。

（2）锚杆杆体材料：预应力值较低或非预应力的锚杆通常采用普通钢筋，即 HPB级、RRB级热轧钢筋、冷拉热轧钢筋、热处理钢筋及冷轧带肋钢筋、中空螺纹钢筋等。预应力值较大的锚杆通常采用高强钢丝和钢绞线，有时也采用精轧螺纹钢筋或中空螺纹钢筋。

无黏结预应力钢丝、钢绞线采用7根直径为5mm的碳素钢丝或7根直径为

5mm（4mm）的钢丝绞成的钢绞线为母材，外包挤压涂塑而成的聚乙烯或聚丙烯套管，内涂防腐建筑油脂，经挤压后，塑料包裹层一次成型在钢丝束或钢绞线上。

高强度精轧螺纹钢筋是在整根钢筋上轧有外螺纹的大直径、高强度、高尺寸精度的直条钢筋，它由$40Si_2MnV$或45SiMnV高强钢材轧制而成，在任意截面处都能拧上带有内螺纹的连接器或带螺纹的螺帽进行接长，连接简便，黏着力强，张拉锚固安全可靠，施工方便。

自钻式锚杆采用的中空筋材系具有国际标准螺纹的钢管，可根据需要接长锚杆，利用钢管中孔作为注浆通道，将锚杆钻孔放杆、注浆、锚固在一个过程中一次完成。

近年来还出现了用等截面钢管代替锚杆杆体，采用打入式安装，将锚杆的钻孔、放杆、注浆、锚固几个工序在一个过程中一次完成。特别适合于卵石层、砂砾层、杂填土和淤泥等难以成孔的地层。

自钻式玻璃纤维锚杆采用玻璃纤维作拉杆，具有以下特点：轻质、高强、耐腐蚀、抗震强度低，属脆性，爆破可断，不会成为地下障碍物。但需注意，玻璃纤维的弹性模量仅为$4\sim5\times10^4$MPa，比钢材的弹性模量小得多，比混凝土略大，故采用高强玻璃纤维锚杆的变形比采用钢材锚杆时要大。若基坑周边环境对变形要求较高，则对采用高强玻璃纤维锚杆进行支护应慎重。若必须使用高强玻璃纤维锚杆，应考虑适当增加高强玻璃纤维的截面。由于高强玻璃纤维的抗剪强度较低，在竖向变形较大的区域应慎用，以免因竖向变形过大造成杆体剪断。

（3）钢材的松弛：预应力钢材的松弛是指钢材受到一定的张拉力以后，在长度与温度保持不变的条件下，预应力筋中的拉应力随时间而减小，这种应力的减小称为松弛损失。

钢筋的松弛在承受初拉力的初期发展快，第一小时内松弛量最大，24h内完成约50%以上，持续数十年才能完成。为此，通常以1000h试验确定的松弛损失乘放大系数作为结构使用寿命的长期松弛损失。松弛还取决于钢材的种类和等级。根据设计的需要，预应力钢材可分为普通松弛及低松弛两大类。

低松弛损失值约为普通松弛的1/4。每类钢材在各种初应力下，温度在20℃经1000h为钢筋的最大松弛值。初应力愈高，松弛损失愈大。50年的长期松弛损失可取用等于1000h的3倍，在预应力锚固结构中，钢材应力随时间的减短不仅是受松弛的影响，还受到岩土体徐变的影响。考虑钢材松弛与岩土体徐变作用的锚杆预应力损失可通过降低使用荷载或通过超张拉予以减小。

（4）杆体防腐性能：高强度预应力钢材腐蚀的程度与后果要比普通钢材严重得多。因为其直径相对较小，较小的锈蚀就能显著减小钢材的横截面面积，引起应力增加。不同的钢材对腐蚀的灵敏程度是不同的，对腐蚀引起的后果应预先估计并采取相应的预防措施。

（5）自由段套管和波纹套管：自由段套管有以下2个功能：①用于杆体（钢筋、钢绞线、钢丝）的防腐，阻止地下水通过注浆体向锚杆杆体渗透；②将锚杆体与周围注浆体隔离，使锚杆杆体能自由伸缩。

自由段套管的材料常采用聚乙烯、聚丙乙烯或聚丙烯。套管应具有足够的厚度、柔性和抗老化性能，并能在锚杆工作期间抵抗地下水等对锚杆体的腐蚀。

波纹套管有以下两个功能：①锚杆锚固段长度内杆体的防腐，即使锚固段灌浆体出现开裂，也可阻止地下水渗入；②保证锚固段应力向地层的有效传递。波纹管可使管内的注浆体与管外的注浆体形成相互咬合的沟槽，以使杆体的应力通过注浆体有效地传入地层。

波纹套管是用具有一定韧性和硬度的塑料或金属制成。

五、锚杆的施工

锚杆的施工质量是决定锚杆承载力能否达到设计要求的关键，因此应根据工程的交通运输条件、周边环境情况、施工进度要求、地质条件等，选用合适的施工机械，施工工艺，组织好人员、材料，高效、安全、高质量地完成施工任务。

（一）钻孔

锚杆孔的钻凿是锚固工程质量控制的关键工序，应根据地层类型和钻孔直径、长度以及锚杆的类型来选择合适的钻机和钻孔方法。

对于黏性土层，钻孔最合适的是带十字钻头和螺旋钻杆的回转钻机。对于松散土和软弱岩层，最适合的是带球形合金钻头的旋转钻机。在坚硬岩层中，钻直径较小的钻孔，适合用空气冲洗的冲击钻机；钻直径较大的钻孔，须使用带金刚石钻头和潜水冲击器的旋转钻机，并采用水洗。对于填土、砂砾层等塌孔的地层，可采用套管护壁、跟管钻进，也可采用自钻式锚杆或打入式锚杆。

跟管钻进工艺主要用于钻孔穿越填土、砂卵石、碎石、粉砂等松散破碎地层。通常用锚杆钻机钻进，采用冲击器、钻头冲击回转全断面造孔钻进，在破碎地层、造孔的同时，冲击套管管靴使得套管与钻头同步进入地层，从而用套管隔离破碎、松散易坍塌的地层，使得造孔施工得以顺利进行。跟管钻具按结构形式分为两种类型：偏心式跟管钻具和同心跟管钻具。同心跟管钻具使用套管钻头，壁厚较厚，钻孔的终孔直径比偏心式跟管钻具的终孔直径小10mm左右。偏心式跟管钻具的终孔直径大（大于套管直径），结构简单，成本低，使用较方便。

（二）锚杆杆体的制作与安装

1.锚杆杆体的制作

钢筋锚杆（包括各种钢筋、精轧螺纹钢筋、中空螺纹钢管）的制作相对比较简单，按设计预应力筋长度切割钢筋，按有关规范要求进行对焊或绑条焊，或用连接器接长钢筋和用于张拉的螺丝杆。预应力筋的前部常焊有导向帽，以便于预应力筋的插入。在预应力筋长度方向每隔1～2m焊有对中支架，支架的高度不应小于25mm，必须满足钢筋保护层厚度的要求。自由段需外套塑料管隔离，给对防腐有特殊要求的锚固段钢筋提供具有双重防腐作用的波形管，并注入灰浆或树脂。

钢绞线通常为一整盘方式包装，宜使用机械切割，不得使用电弧切割。杆体内的绑扎材料不宜采用镀锌材料。钢绞线分为有黏结钢绞线和无黏结钢绞线，有黏结钢绞线锚杆制作时应在锚杆自由段的每根钢绞线上施作防腐层和隔离层。

压力分散型锚杆采用无黏结钢绞线、特殊部件和工艺加工制作，为一种钢制U形承载体构造，将无黏结钢绞线绕过承载体弯曲成U形固定在承载体上，制成压力分散型锚杆，也可采用挤压锚头作为承载体形成压力分散型锚杆。

可重复高压灌浆锚杆，采用环轴管原理设置注浆套管和特殊的密封及注浆装置，可重复实现对锚固段的高压灌浆处理，大大提高了锚杆的承载力。注浆套管是一根直径较大的塑料管，其侧壁每隔1m开有环向小孔，孔外用橡胶环圈盖住，使浆液只能从该管内流入钻孔，但不能反向流动。一根小直径的注浆钢管插入注浆套管，注浆钢管前后装有限定注浆段的密封装置，当其位于一定位置的注浆套管的橡胶圈处，在压力作用下即可向钻孔内注入浆液。

2.锚杆的安装

锚杆安装前应检查钻孔孔距及钻孔轴线是否符合规范及设计要求。锚杆一般由人工安装，对于大型锚杆有时采用吊装。在进行锚杆安装前应对钻孔重新检查，发现塌孔，掉块时应进行清理。锚杆安装前应对锚杆体进行详细检查，对损坏的防护层、配件、螺纹应进行修复。在推送过程中，用力要均匀，以免在推送时损坏锚杆配件和防护层。当锚杆设置有排气管、注浆管和注浆袋时，推送时不要使锚杆体转动，并不断检查排气管和注浆管，以免管子折断、压扁和磨坏，并确保锚杆在就位后排气管和注浆管畅通。当遇到锚索推送困难时，宜将锚索抽出，查明原因后再推送。必要时应对钻孔重新进行清洗。

3.锚头的施工

锚具、垫板应与锚杆体同轴安装，对于钢绞线或高强钢丝锚杆，锚杆体锁定后其偏差应不超过±5°，垫板应安装平整、牢固，垫板与垫墩接触面无空隙。

切割锚头多余的锚杆体宜采用冷切割的方法，锚具外保留长度不应小于

100mm。当需要补偿张拉时，应考虑保留张拉长度。打筑垫墩用的混凝土强度等级一般大于C30，有时锚头处地层不太规则，在这种情况下，为了保证垫墩混凝土的质量，应确保垫墩最薄处的厚度大于10cm，对于锚固力较高的锚杆，垫墩内应配置环形钢筋。

第四节　排桩的设计与施工

一、概述

排桩围护体是利用常规的各种桩体，例如钻孔灌注桩、挖孔桩、预制桩及混合式桩等并排连接起来形成的地下挡土结构。

（一）排桩围护体的种类与特点

按照单个桩体成桩工艺的不同，排桩围护体桩型大致有以下几种：钻孔灌注桩、预制混凝土桩、挖孔桩、压浆桩、SMW工法（型钢水泥土搅拌桩）等。这些单个桩体可在平面布置上采取不同的排列形式形成挡土结构，来支挡不同地质和施工条件下基坑开挖时的侧向水土压力。

其中，分离式排列适用于地下水位较低、土质较好的情况。当地下水位较高时，应与其他防水措施结合使用，例如在排桩后面另行设置止水帷幕。一字形相切或搭接排列式往往因在施工中桩的垂直度不能保证、桩体扩径等原因影响桩体搭接施工，从而达不到防水要求。当为了增大排桩围护体的整体抗弯刚度时，可把桩体交错排列。有时因场地狭窄等原因，无法同时设置排桩和止水帷幕时，可采用桩与桩之间咬合的形式，形成可起到止水作用的排桩围护体。相对于交错式排列，当需要进一步增大排桩的整体抗弯刚度和抗侧移能力时，可将桩设置成为前后双排，将前后排桩桩顶的帽梁用横向连梁连接，就形成了双排门架式挡土结构。有时还将双排桩式排桩进一步发展为格栅式排列，在前后排桩之间每隔一定的距离设置横隔式的桩墙，以寻求进一步增大排桩的整体抗弯刚度和抗侧移能力设置。

因此，除具有自身防水的SMW桩型挡墙外，常采用间隔排列与防水措施相结合，具有施工方便、防水可靠等特点，成为地下水位较高软土地层中最常用的排桩围护体形式。

（二）排桩围护体的应用

排桩围护体与地下连续墙相比，其优点在于施工工艺简单、成本低、平面布置灵活，缺点是防渗和整体性较差，一般适用于中等深度（6～10m）的基坑围护，但近年来也应用于开挖深度20m以内的基坑。其中压浆桩适用的开挖深度一般在6m以下，在深基坑工程中，有时与钻孔灌注桩结合，作为防水抗渗措施。采用分离式、交错式、排列式布桩以及双排桩时，当需要隔离地下水时，需要另行设置止水帷幕，这是排桩围护体的一个重要特点。在这种情况下，止水帷幕防水效果的好坏直接关系到基坑工程的成败，须认真对待。

非打入式排桩围护体与预制式板桩围护相比，有无噪声、无振害、无挤土等优点，从而日益成为国内城区软弱地层中中等深度基坑（6～15m）围护的主要形式。

钻孔灌注桩排桩围护体最早在北京、广州、武汉等地使用，以后随着防渗技术的提高，钻孔灌注桩排桩围护体适用的深度范围已逐渐被突破。如上海港汇广场基坑工程，开挖最深处达15m之多，采用Φ1000钻孔围护桩及两排深层搅拌桩止水的复合式围护，取得了较好的效果。此外，天津仁恒海河广场，基坑开挖深度达17.5m，采用Φ11200钻孔围护桩，并采用三轴水泥搅拌桩机设置了Φ1850@650、33m深止水帷幕（止水帷幕截断第一承压含水层），工程也获得了很好的效果。

SMW工法在日本东京、大阪等软弱地层中的应用非常普遍，适应的开挖深度已达几十米，与装配式钢结构支撑体系相结合，工效较高。在引进工法的初期，由于该工法钻机深度所限（<20m），所以在国内应用较少。

挖孔桩常用于软土层不厚的地区，由于常用的挖孔桩直径较大，在基坑开挖时往往不设支撑。当桩下部有坚硬基岩时，常采用在挖孔桩底部加设岩石锚杆使基岩受力为一体，这类工程的实例在我国东南沿海地区也有报道。

压浆桩也称为树根桩，其直径常小于400mm，有时也称为小口径混凝土灌注桩，它除了具有一定的强度，还具有一定的抗渗漏能力。

二、钻孔灌注排桩挡墙设计

（一）桩体材料

钻孔灌注桩采用水下混凝土浇筑，混凝土强度等级不宜低于C20（常取C30），所用水泥通常为42.5级或52.5级普通硅酸盐水泥。受弯受力钢筋采用HRB335级和HRB400级，常用螺纹钢筋，螺旋箍筋常用HPB235钢筋、圆钢。

（二）桩体平面布置及入土深度

当基坑不考虑防水（或已采取了降水措施）时，钻孔桩可按一字形间隔排列或相切排列。对于分离式排列的桩，当土质较好时，可利用桩侧“土拱”作用适当扩大桩距，桩间距最大可为2.5～3.5倍的桩径。当基坑需考虑防水，利用桩体作为防水墙时，桩体间需满足不渗漏水的要求。当按间隔或相切排列需另设防渗措施时，桩体净距可根据桩径、桩长、开挖深度、垂直度，以及扩径情况来确定，一般为100～150mm。桩径和桩长应根据地质和环境条件由计算确定，常用桩径为1000～500mm，当开挖深度较大且水平支撑相对较少时，宜采用较大的桩径。

由于排桩围护体的整体性不及壁式钢筋混凝土地下连续墙，所以在同等条件下其入土深度的确定应保障其安全度略高于壁式钢筋混凝土地下连续墙。在初步设计时，沿海软土地区通常取入土深度为开挖深度的1.0～1.2倍为预估值。

为了减小入土深度，应尽可能减小最低道支撑（或锚撑）至开挖面的距离，增强该道支撑（或锚撑）的刚度，充分利用时空效应，及时地浇筑坑底垫层作底撑，对桩脚与被动侧土体进行地基加固或坑内降水固结。

第五节　基坑降水体系

一、降排水的作用及方法

基坑施工中，为避免产生流砂、管涌、坑底突涌，防止坑底土体的坍塌，保证施工安全和减少基坑开挖对周围环境的影响，当基坑开挖深度内存在饱和软土层和含水层及坑底以下存在承压含水层时，需要选择合适的方法进行基坑降水与排水。降排水的主要作用如下：①防止基坑底面与坡面渗水，保证坑底干燥，便于施工。②增加边坡和坑底的稳定性，防止边坡或坑底的土层颗粒流失，防止流砂产生。③减少被开挖土体的含水量，便于机械挖土、土方外运、坑内施工作业。④有效提高土体的抗剪强度与基坑稳定性。⑤对于放坡开挖而言，可提高边坡稳定性；对于支护开挖，可增加被动区土抗力，减少主动区土体侧压力，从而提高支护体系的稳定性和强度，减少支护体系的变形。⑥减少承压水头对基坑底板的顶托力，防止坑底突涌。

二、地下水控制设计

（一）截水

（1）基坑截水方法应根据工程地质条件、水文地质条件及施工条件等，选用水泥土搅拌桩帷幕高压旋喷或摆喷注浆帷幕、搅拌-喷射注浆帷幕、地下连续墙或咬合式排桩。支护结构采用排桩时，可采用高压喷射注浆与排桩相互咬合的组合帷幕。当碎石土、杂填土、泥炭质土或地下水流速较大时，宜通过试验确定高压喷射注浆帷幕的适用性。

（2）当坑底以下存在连续分布、埋深较浅的隔水层时，应采用落底式帷幕。落底式帷幕进入下卧隔水层的深度不宜小于1.5m。

（3）当坑底以下含水层厚度大而需要采用悬挂式帷幕时，帷幕进入透水层的深度应满足对地下水沿帷幕底端绕流的渗透稳定性要求，并应对帷幕外地下水位下降引起的基坑周边建筑物、地下管线、地下构筑物沉降进行分析。当不满足渗透稳定性要求时，应采取增加帷幕深度、设置减压井等防止渗透破坏的措施。

（4）截水帷幕宜采用沿基坑周边闭合的平面布置形式。当采用沿基坑周边非闭合的平面布置形式时，应对地下水沿帷幕两端绕流引起的基坑周边建筑物、地下管线、地下构筑物的沉降进行分析。

（5）采用水泥土搅拌桩帷幕时，搅拌桩桩径宜取450～800mm，搅拌桩的搭接宽度应符合下列规定：①对于单排搅拌桩帷幕的搭接宽度，当搅拌深度不大于10m时，不应小于150mm；当搅拌深度为10～15m时，不应小于200mm；当搅拌深度大于15m时，不应小于250mm。②对于地下水位较高、渗透性较强的地层，宜采用双排搅拌桩截水帷幕。对于搅拌桩的搭接宽度，当搅拌深度不大于10m时，不应小于100mm；当搅拌深度为10～15m时，不应小于150mm；当搅拌深度大于15m时，不应小于200mm。

（二）集水明排

（1）对于基底表面汇水、基坑周边地表汇水及降水井抽出的地下水，可采用明沟排水；对于坑底以下渗出的地下水，可采用盲沟排水；当地下室底板与支护结构间不能设置明沟时，基坑坡脚处也可采用盲沟排水；对于降水井抽出的地下水，也可采用管道排水。

（2）明沟和盲沟坡度不宜小于0.3%。当采用明沟排水时，沟底应采取防渗措施；当采用盲沟排出坑底渗出的地下水时，其构造、填充料及其密实度应满足主体结构的要求。

（3）沿排水沟宜每隔30～50m设置一口集水井，集水井的净截面尺寸应根据排水流量确定。集水井应采取防渗措施。采用盲沟时，集水井宜采用钢筋笼外填碎石滤料的构造形式。

（4）基坑坡面渗水宜采用渗水部位插入导水管排出。导水管的间距、直径及长度应根据渗水量及渗水土层的特性确定。

（5）采用管道排水时，排水管道的直径应根据排水量确定。排水管的坡度不宜小于

0.5%。排水管道材料可选用钢管、PVC管。排水管道上宜设置清淤孔，清淤孔的间距不宜大于10m。

（6）基坑排水与市政管网连接前应设置沉淀池。明沟、集水井、沉淀池使用时应排水畅通，并应随时清理淤积物。

（三）导渗法

导渗法又称为引渗法，即通过竖向排水通道（引渗井或导渗井），将基坑内的地面水、上层滞水、浅层孔隙潜水等，自行下渗至下部透水层中消纳或抽排出基坑。在地下水位较低的地区，导渗后的混合水位通常低于基坑底面，导渗过程为浅层地下水自动下降过程，即导渗自降；当导渗后的混合水位高于基坑底面或高于设计要求的疏干控制水位时，采用降水管井抽汲深层地下水降低导渗后的混合水位，即导渗抽降。通过导渗法排水，无须在基坑内另设集水明沟、集水井，可加速深基坑内地下水位下降，提高疏干降水效果，并可提高坑底地基土承载力和坑内被动区抗力。

（1）导渗法的适用范围：①上层含水层（导渗层）的水量不大，却难以排出；下部含水层水位可通过自排或抽降使其低于基坑施工要求的控制水位。②适用于导渗层为低渗透性的粉质黏土、黏质粉土、砂质粉土、粉土、粉细砂等。③当兼有疏干要求时，导渗井还需按排水固结要求加密导渗井距。④导渗水质应符合下层含水层中的水质标准，并应预防有害水质污染下部含水层。⑤由于导渗井较易于淤塞，导渗法适用于排水时间不长的基坑工程降水。⑥导渗法在上层滞水分布较普遍的地区应用较多。

（2）导渗设施与布置：导渗设施一般包括钻孔、砂（砾）渗井、管井等，统称为导渗井。

对于导渗管井，宜采用不需要泥浆护壁的沉管桩机、长臂螺旋钻机等设

备成孔或采用高压套管冲击成孔。成孔后，内置钢筋笼（外包土工布或透水滤网）、钢滤管或无砂混凝土滤管、滤管壁与孔壁之间的回填滤料。本方法形成的导渗管井多用于永久性排水工程。

对于导渗砂（砾）井，在预先形成的Φ300～600mm的钻孔内，回填含泥量不大于0.5%的粗砂、砾砂、砂卵石或碎石等。本方法形成的导渗砂（砾）井又称为导渗盲井。

对于成孔后基本无坍塌现象发生的导渗层，可直接采用导渗钻孔引渗排水。导渗井应穿越整个导渗层进入下部含水层中，其水平间距一般为3.0～6.0m。当导渗层为需要疏干的低渗透性软黏土或淤泥质黏性土，导渗井宜加密至1.5～3.0m。

参考文献

[1]吴奇主，张守良，赵悍军，等.井下作业工程师手册 [M].2版.北京：石油工业出版社，2017

[2]谢丛姣，杨峰，龚斌.油气开发地质学[M].2版.武汉：中国地质大学出版社，2018.

[3]余传谋.薄互层油藏高效开发技术与应用[M].北京：北京理工大学出版社，2020.

[4]彭永灿，秦军，谢建勇，等.中深层稠油油藏开发技术与实践[M].北京：石油工业出版社，2018.

[5]周丽萍.油气开采新技术[M].北京：石油工业出版社，2020.

[6]叶哲伟.油气开采井下工艺与工具[M].北京：石油工业出版社，2018.

[7]范永香，曾键年，刘伟.成矿预测的理论与实践[M].武汉：中国地质大学出版社，2018.

[8]毕颖出，程增晴.矿产地质勘查研究[M].延吉：延边大学出版社，2018.

[9]穆满根.岩土工程勘察技术[M].武汉：中国地质大学出版社，2016.

[10]吴圣林.岩土工程勘察[M].2版.徐州：中国矿业大学出版社，2018

[11]孔思丽.工程地质学[M].4版.重庆：重庆大学出版社，2017.

[12]宿文姬.工程地质学[M].广州：华南理工大学出版社，2019.

[13]曾开华.深基坑工程支护结构设计及施工监测的理论与实践[M].北京：煤炭工业出版社，2018.

[14]仉文岗.深基坑开挖与挡土支护系统[M].重庆：重庆大学出版社，

2020.

[15]李欢秋，刘飞，郭进军.城市基坑工程设计施工实践与应用[M].武汉：武汉理工大学出版社，2019.

[16]龚晓南.深基坑工程设计施工手册[M].北京：中国建筑工业出版社，2018.